Peter Christen

Die Berner Alpenbahn-Gesellschaft
Bern-Lötschberg-Simplon BLS

3. Auflage

Peter Christen

Die Berner Alpenbahn-Gesellschaft Bern-Lötschberg-Simplon BLS

Bibliografische Information der Deutschen Nationalbibliothek: Die Deutsche Nationalbibliothek verzeichnet diese Publikation in der Deutschen Nationalbibliografie; detaillierte bibliografische Daten sind im Internet über dnb.dnb.de abrufbar. Das Werk ist in allen seinen Teilen urheberrechtlich geschützt. Jede Verwertung ist ohne Zustimmung des Autors unzulässig. Das gilt insbesondere für Vervielfältigungen, Übersetzungen, Mikroverfilmung und die Einspeicherung in und Verarbeitung durch elektronische Systeme. Mein ganz spezieller Dank für die Korrektur geht an Alice Christen, Reinhild Tschöpe und Paul Meienberger.

© 2025 by Peter Christen (christen.historische.wertpapiere@gmail.com).
3. Auflage – Neuauflage mit umfangreicher Überarbeitung von Buchinhalt und Umschlag
Schriftenreihe «Finanzgeschichte & Historische Wertpapiere» Band 1
Verlag: BoD · Books on Demand GmbH, In de Tarpen 42, 22848 Norderstedt, bod@bod.de
Druck: Libri Plureos GmbH, Friedensallee 273, 22763 Hamburg

ISBN: 978-3-7693-2660-4

Inhaltsverzeichnis

Teil 1

Die Finanzgeschichte der Berner Alpenbahn-Gesellschaft Bern-Lötschberg-Simplon

Projekt und Gründung

Im Jahr 1882 feiert die Eidgenossenschaft überschwänglich die Eröffnung der **Gotthardbahn**, die erstmals die Schweizer Alpen mit der Eisenbahn durchquert. Im Kanton Bern mischt sich die Freude jedoch mit einer spürbaren Besorgnis. Während diese neue Bahnverbindung für die Schweiz eine epochale Errungenschaft darstellt, befürchten viele Berner, dass ihr bislang für die Geschicke des Landes massgeblicher Kanton nun zu einem blossen Zubringer degradiert wird, der den alten verkehrspolitischen Rivalen Zürich, Luzern und Basel den wichtigen und lukrativen Alpentransit überlassen muss.

Der Wunsch nach einer eigenen Alpenbahn, die Bern direkt mit dem Süden verbindet, lebt weiter. Bald propagiert der Berner Alt-Regierungsrat **Wilhelm Teuscher** in einer Reihe von Schriften seine Vision einer Bahnlinie, die über Frutigen und durch den Lötschberg führen soll. Nach Jahren kontroverser Debatten setzt sich Teuschers favorisierte Route gegen alternative Trassenführungen über das Breithorn oder den Wildstrubel durch. Als gegen Ende des 19. Jahrhunderts der Bau des **Simplontunnels** vom Wallis nach Italien auch mit Berner Unterstützung immer konkretere Formen annimmt, erhält auch das Berner Alpenbahn-Projekt weiteren Auftrieb. Die Aussicht auf eine direkte Verbindung von Bern durchs Berner Oberland zum Simplon und weiter nach Italien rückt näher.

Mit bemerkenswerter Beharrlichkeit gegen alle Widerstände verfolgen die Berner zwischen 1902 und 1913 ihren ehrgeizigen Plan und schaffen mit dem Lötschbergtunnel die **zweite grosse Schweizerische Alpentransversale** als Zubringer zum 1906 eröffneten Simplontunnel. Das liberale Berner Bürgertum erkennt von Anfang an das enorme Potenzial der geplanten Alpenbahn für die wirtschaftliche Entwicklung des Kantons. Bereits 1899 erwirbt der Kanton Bern die Konzession für die **Strecke Spiez-Frutigen** von privaten Investoren. Diese soll zur ersten Sektion einer Normalspurbahn durch den Lötschberg werden. Zwischen 1891 und 1902 verabschiedet das Kantonsparlament drei Dekrete zur Förderung und Subventionierung von Eisenbahnprojekten. Der entscheidende Durchbruch für die Berner Alpenbahn gelingt 1902, als das **Berner Volk** dem **dritten Eisenbahndekret** zustimmt, das eine **25-prozentige Beteiligung des Kantons am Bau der Lötschberglinie** vorsieht.[1]

Mit diesem starken finanziellen Engagement der Berner Bevölkerung im Rücken hofft man, nun einfach weitere zahlungskräftige Partner für das ambitionierte Projekt zu gewinnen. Am 21. Juni 1902 lädt der Kanton achtzig Persönlichkeiten zur Gründungsversammlung eines **Initiativkomitees für die Lötschbergbahn** ein. Dieses Komitee wählt

---

[1] Gemäss dem durch die vom Berner Regierungsrat betrauten internationalen Oberexperten, Hittmann und Greulich, erstellten und 1901 publizierten Projektbericht bedeutete dies eine Beteiligungssumme von 17.5 Mio. Franken.

einen sechzehnköpfigen Ausschuss, der sich aus einflussreichen, mehrheitlich freisinnigen Persönlichkeiten zusammensetzt und unter dem Vorsitz des freisinnig-demokratischen Nationalrats Johann **Daniel Hirter** steht. Die Beschaffung von **Gemeindesubventionen und Privatkapital** für den Bau der Strecke zählt zu den vorrangigen Aufgaben des Komitees.

Auf Bundesebene stösst das Vorhaben auf grossen Widerstand, da andere Regionen der Schweiz ebenfalls eigene Alpenbahnprojekte verfolgen und die Berner Pläne als Konkurrenz betrachten. Der Bund wiederum hat erst kurz zuvor, im Jahr 1902, die **Schweizerischen Bundesbahnen** (SBB) gegründet und die defizitären fünf grossen Privatbahnen verstaatlicht, was mit erheblichen finanziellen Belastungen verbunden war. Die Konsolidierung der SBB absorbiert die Bundesbehörden vollständig. Hinzu kommt die ablehnende Haltung der SBB, die in dem Berner Projekt eine gefährliche **Konkurrenz zur Gotthardbahn** sehen, welche sie 1909 auch noch übernehmen sollen. Die Bundesbehörden lehnen daher den Bau einer weiteren Alpentransversale entschieden ab.

Der Kanton Bern muss sich der Realität stellen, dass eine politische und finanzielle Unterstützung durch die Eidgenossenschaft nicht zu erwarten ist. Deshalb bleibt dem Kanton Bern nichts anderes übrig, als die notwendigen Finanzmittel anderweitig aufzutreiben. In der Hoffnung auf "freundeidgenössische" Solidarität wendet sich der Kanton Bern an die Kantone **Wallis, Neuenburg und Solothurn**, die ebenfalls im Einzugsgebiet der geplanten Berner Alpenbahn liegen und davon profitieren könnten. Doch die ersten Sondierungsgespräche verlaufen enttäuschend. Die drei Kantone zeigen keinerlei Interesse an einer Beteiligung und weigern sich, die Berner Alpenbahn finanziell zu unterstützen. Der Kanton Wallis befürchtet durch das Lötschberg-Projekt wirtschaftliche Nachteile für das Unterwallis und stemmt sich vehement gegen die vom Kanton Bern angestrebte und vom Bund bereits bewilligte Erweiterung der Lötschbergbahn-Konzession von Visp nach Brig. Viele Beobachter erwarten deshalb schon das Ende des Projektes.

Unterstützung aus Frankreich

Unerwartete Hilfe erhält der Kanton Bern aus dem westlichen Nachbarland **Frankreich**. Seit dem Deutsch-Französischen Krieg von 1870/71 gehört das bislang französische Territorium Elsass-Lothringen zum Deutschen Reich. Frankreich hat den direkten Zugang zum zentralen Grenzübergang Basel und somit zur Gotthardbahn verloren. Das Land hat deshalb ein **starkes strategisches Interesse** an einer alternativen direkten Transitroute nach Italien. Der Grenzübergang vom burgundischen Delle nach dem Berner Boncourt soll zum neuen Einfallstor für französische Eisenbahnverbindungen in die Schweiz und weiter nach Norditalien in Richtung Mailand, Genua und Brindisi werden. Zusätzlich ist die Schweiz für Pariser Emissionsbanken von Aktien und Obligationen traditionell ein attraktiver Markt.[2] Der französische Finanzmarkt verfügt über reichlich Kapital und jahrzehntelange Erfahrung in der Finanzierung grosser Eisenbahnprojekte weltweit.[3] In der Schweiz locken gute Geschäfte.

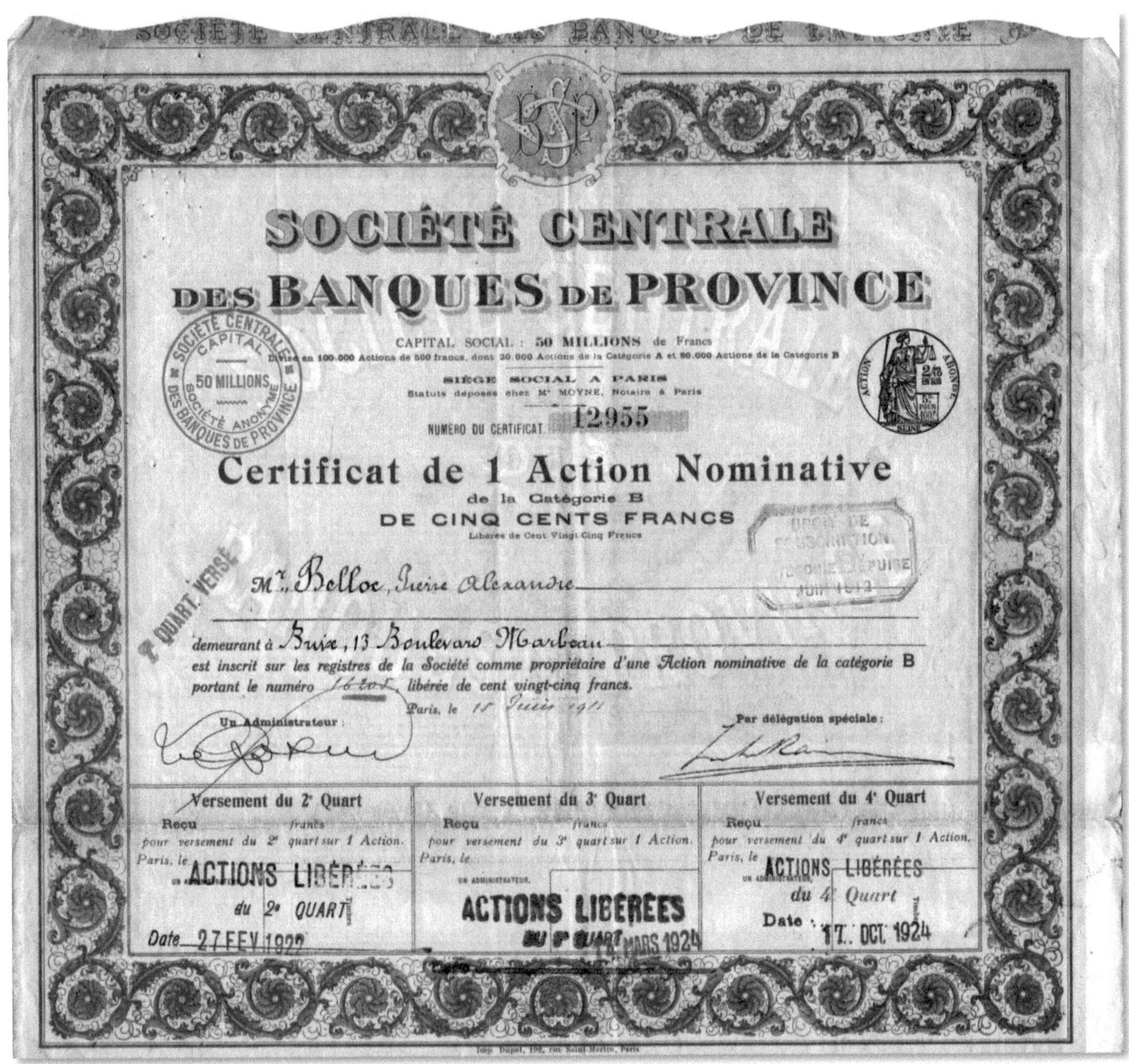

*Aktie der **Société Centrale des Banques de Province**, Action 500 Francs, Paris 15. Juni 1911. Nach der Berner Kantonalbank der grösste Geldgeber der Berner Alpenbahn. (Dunkelviolett / beige)*

Das Initiativkomitee unter der Leitung von Herrn Hirter stellt sein finanzielles und diplomatisches Geschick unter Beweis: Durch Vermittlung des Lausanner Professors Henri

---

[2] Zeitgenössische Schriften schätzen, dass sich in französischen Händen Schweizer Wertpapiere von rund **1.5 Milliarden Francs** befinden. Damit liegt die Schweiz hinter Russland, Österreich-Ungarn, Ägypten und Türkei auf dem **fünften Platz** der wichtigsten Wertpapiermärkte für französische Investoren (Kaufmann (1911): Das Französische Bankwesen; Tübingen, S. 85.).

[3] Bekannt und wohl auch treffend ist eine Aussage von Gottfried Kunz, Finanzdirektor des Kantons Bern und späterer Direktionspräsident der Berner Alpenbahn-Gesellschaft, in der Debatte des Grossen Rates vom 25. bis 27. Juni 1906 auf die Beanstandung, dass sich Bern auf ausländisches Kapital verlasse. Kunz antwortet: "So wenig grosse Bauwerke ohne italienische Arbeiter ausgeführt werden können, ebenso wenig [kann man] **grosse finanzielle Werke ohne Inanspruchnahme der französischen Finanz** zur Ausführung bringen".

Gollier gelingt der Kontakt mit den auf den Bau von Eisenbahnen spezialisierten französischen Unternehmern Hersent, Duparchy und Vitali für den Bau der Lötschbergbahn. Noch bedeutender ist jedoch, dass diese einflussreiche Gruppe auch die Finanzierung des ambitionierten Projekts massgeblich unterstützt und sogar die diskrete Mithilfe der französischen Regierung gewinnen kann. Zwischen den Berner Visionären und den französischen Unternehmern und Investoren entwickelt sich schnell eine enge und vertrauensvolle Zusammenarbeit. Bereits 1904 schliesst das Komitee mit dem Vertrauensmann der französischen Gruppe, dem **Pariser Bankier J. Loste**, einen Vorvertrag ab. Loste ist ein erfahrener Spezialist für die Finanzierung von Eisenbahnprojekten und geniesst in der Branche einen exzellenten Ruf. Eine der wichtigsten Bedingungen der französischen Investoren ist, dass sich der Kanton Bern und alle an der Strecke liegenden Gemeinden an der Finanzierung des Projektes beteiligen. Nach zwei Jahren intensiver Verhandlungen und gründlicher Prüfung aller Aspekte liegen schliesslich zwei Verträge vor: ein **Bauvertrag**, der die technischen Details regelt, und ein **Finanzvertrag**, der die Finanzierung des Projekts sicherstellt. Der Bau der Berner Alpenbahn rückt damit in greifbare Nähe!

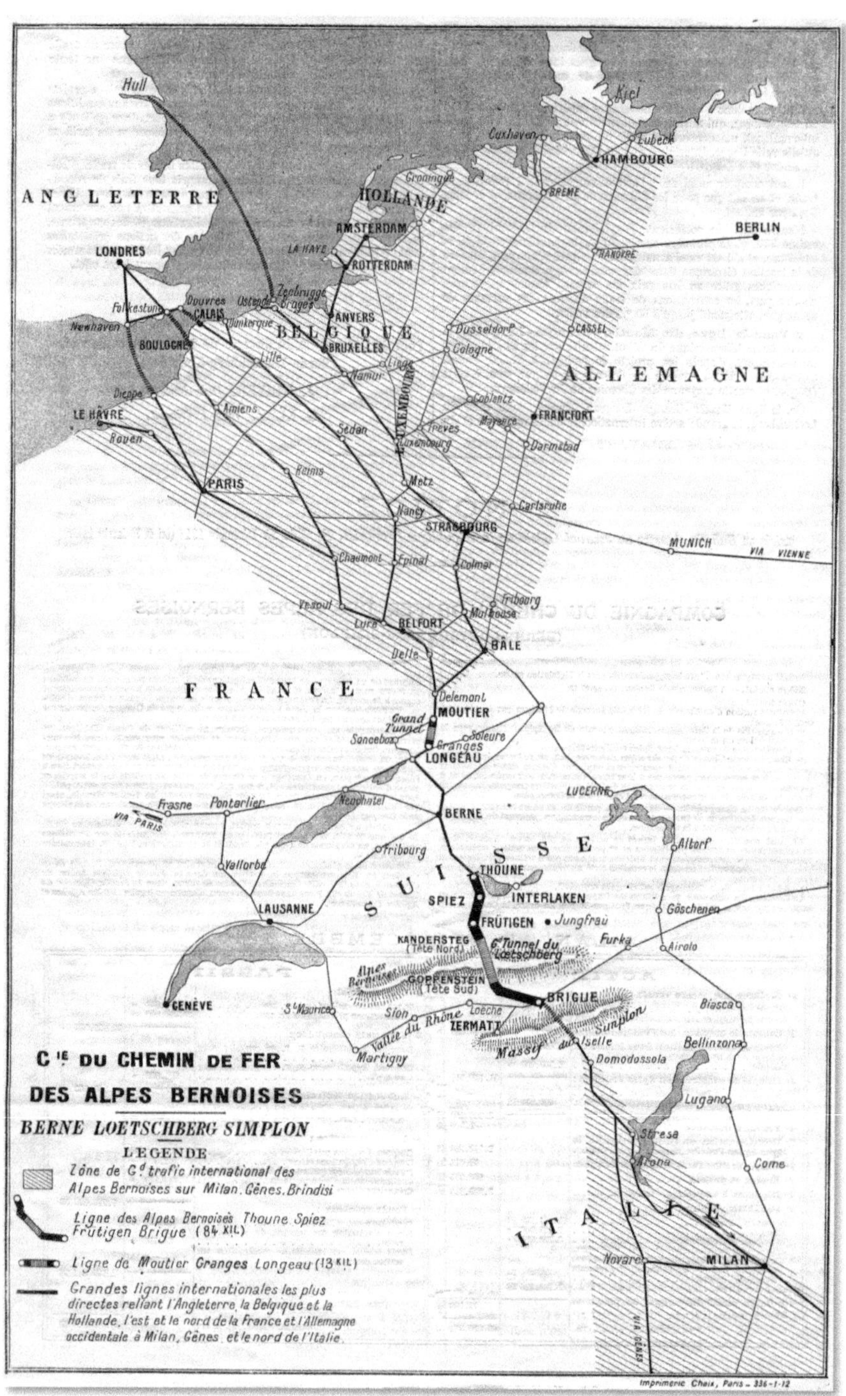

*Die französische Sicht auf das Projekt der Berner Alpenbahn-Gesellschaft: Der "**Grand Tunnel**" Moutier-Longéau (Lengnau) und der **Grand Tunnel du Loetschberg** als zentrale Verbindung Nordeuropas mit Italien (Imprimerie Chaix, Paris).*

Der Bauvertrag mit der EGL

Im Jahr 1906 bündeln sieben französische und schweizerische Unternehmer[4] ihre Kräfte und gründen das Baukonsortium «**Entreprise Générale du Chemin de fer des Alpes Bernoises, Berne-Loetschberg-Simplon**» (EGL) mit Sitz in Bern. Die EGL übernimmt die gewaltige Aufgabe, die Lötschbergbahn zu bauen. Der Bauvertrag berücksichtigt vor allem geologische und technische Faktoren und basiert auf den bestehenden Plänen der Berner Alpenbahn. Detaillierte Vorgaben zur Trassenführung und zur Wahl der Baumaterialien gibt es nur für den Lötschbergtunnel. Ansonsten geniesst das Baukonsortium erstaunlich grosse Freiheit bei der Umsetzung des Projekts.[5]

Nach eingehender Prüfung erklärt sich die EGL bereit, den einspurigen **Lötschberg-tunnel** zu einem **Festpreis von 37 Millionen Franken** zu bauen. Sollte ein Ausbau auf **Doppelspur** erfolgen, steigt der Preis auf **50 Millionen** Franken. Für die **Zufahrts-rampen** werden jeweils **37 Millionen** Franken vereinbart. Interessant ist die Regelung für mögliche Kostenabweichungen: Bei Einsparungen profitiert die Berner Alpenbahn-Gesellschaft zu 75 Prozent, während die EGL 25 Prozent erhält. Überschreiten die Kosten den vereinbarten Rahmen, müssen die Bauunternehmer die Mehrkosten vollständig tragen. Der Vertrag legt auch die Bauzeiten fest und definiert Konventionalstrafen für Verzögerungen respektive Prämien für eine vorzeitige Fertigstellung.[6] Die **Gesamtkosten** für den Bau der Strecke werden auf **89 Millionen** Franken veranschlagt, inklusive 3,1 Millionen Franken für den Oberbau und 3,5 Millionen Franken für das Rollmaterial.

Der Finanzvertrag mit dem Bankensyndikat

Der Bauvertrag liefert die Grundlage für eine realistische Einschätzung des Finanzbedarfs der Berner Alpenbahn-Gesellschaft. Ein mächtiges französisch-schweizerisches Bankensyndikat erklärt sich bereit, die Finanzierung des Projekts zu garantieren. Zu den führenden Mitgliedern des Syndikats gehören:

J. Loste & Cie. (Paris): Das auf Emissionsgeschäfte spezialisierte Institut von J. Loste bringt seine Expertise sowie sein finanzielles und politisches Netzwerk in das Projekt

---

[4] Es sind dies die Herren F. Allard, L. Coiseau, A. Couvreux, J. Dollfus, A. Duparchy, L. Wiriot, Chagnaud und die Bank J. Loste, alle aus Paris.

[5] Ferber, Alex (1965): Die Verstaatlichung der Berner Alpenbahn-Gesellschaft BLS; Seite 30, Fussnote 20: «die ungünstigen Auswirkungen eines solchen Vertrages .... Konflikte zwischen Bauleitung und Bauunternehmern liessen nicht lange auf sich warten, war den Unternehmern natürlich nur daran gelegen, gegen das Interesse der Bahn möglichst zu ihren eigenen Gunsten zu arbeiten. So wurden teilweise schlechte Materialien verwendet, die in späten Jahren und auch heute noch der BLS erhebliche Kosten verursachen (z. B. der billige Lötschit als Bindemittel bei Viadukten und Stützmauern).»

[6] Ferber, Alex (1965), a.a.o. Seite 35.

ein. **Société Centrale des Banques de Province** (Paris)[7]: Das renommierte französiche Institut verfügt über umfangreiche finanzielle Ressourcen im Anlagebereich. **Kantonalbank von Bern**: Die wichtigste Bank des Kantons unterstützt das Projekt aus regionalpolitischem Interesse und ist auch sonst der finanzielle Arm der Berner Regierung. **Schweizerische Eisenbahnbank** (Basel)[8]: Die auf Eisenbahnfinanzierung spezialisierte Bank bringt ihr fachliches Know-how und den Zugriff auf den Schweizer Finanzmarkt ein. **A. Sarasin & Cie.** (Basel): Die renommierte Privatbank rundet als langjähriger Spezialist für Eisenbahnfinanzierung in der Schweiz das Syndikat ab.

Gemäss Finanzvertrag wird das Bankensyndikat insgesamt 89 Millionen Franken aufbringen. Diese Summe teilt sich auf in: **45 Millionen Franken Eigenkapital** (Ausgabe von Aktien und **44 Millionen Franken Fremdkapital** (Begebung von Obligationen).

Die Schweizerische Eisenbahnbank in Basel, ein wichtiger Schweizer Partner im Bankensyndikat. Aktie, Fr. 500.-, Basel 1. November 1890. Mit Druckunterschrift von Johann Rudolf Geigy-Merian (1830-1917), ein bekannter Basler «Farbstoff- und Drogenfabrikant» als Mitglied des Verwaltungsrates. (Braun/beige)

---

[7] Die Société Centrale ist ein im Jahr 1905 gegründeter Zusammenschluss von 242 kleineren französischen Lokalbanken mit dem Ziel, auf dem französischen Kapitalmarkt eine wichtigere Rolle spielen zu können.

[8] Die Schweizerische Eisenbahnbank wurde 1890 vom Basler Bankverein und der Schweizerischen Kreditanstalt gegründet mit dem Zweck der Bahnfinanzierung in Graubünden. Im Laufe der Zeit spezialisierte sie sich auf die Finanzierung von Bahn- und Elektrizitätsprojekten in der ganzen Schweiz. 1924 änderte sie ihren Namen in Suiselectra und wurde 1936 durch die Elektrowerte AG übernommen.

Gründung der Berner Alpenbahn-Gesellschaft

Nach Abschluss dieses Finanzvertrages und dessen Annahme, zusammen mit dem Bauvertrag, durch den Grossen Rat des Kanton Bern, am 27. Juni 1906 findet einen Monat später im Berner Grossratssaal mit 250 anwesenden Aktionären die konstituierende Sitzung zur Gründung der «**Berner-Alpenbahn-Gesellschaft Bern-Lötschberg-Simplon**» / «**Compagnie Chemin de fer des Alpes Bernoises Berne-Lœtschberg-Simplon**»[9] mit dem Kürzel **B.L.S.** als Aktiengesellschaft statt. Diese übernimmt jetzt anstelle des Initiativkomitees die Geschäfte.

Die Gesellschaft gibt sich folgenden Zweck[10]:

> 1. Den **Bau einer normalspurigen Eisenbahn von Frutigen durch den Lötschberg nach Brig.**
> 2. Die **Erwerbung der Linie Spiez-Frutigen** (Spiez-Frutigen-Bahn) mit der zudienenden Konzession.
> 3. Den **Betrieb der ganzen Linie Spiez-Frutigen-Brig.**

Die Gesellschaft hat eine Dauer von 80 Jahren, berechnet ab 23. Dezember 1891, vorausgesetzt, dass vorher weder der Bund noch der Kanton Bern von ihrem konzessionsgemäss zustehenden Rückkaufsrecht Gebrauch machen.[11] Am 18. August 1906 bewilligt der Bundesrat die Stauten der Gesellschaft. Die Festlegung des **Gesamtkapitals der Gesellschaft auf 89 Mio.** Franken basiert vollständig auf dem Finanzvertrag mit dem Bankensyndikat. Entsprechend der damals im Eisenbahnbau üblichen «goldenen» 50/50-Finanzierungsregel zwischen Eigen- und Fremdkapital, soll dieser Betrag zur **Hälfte als Aktienkapital** zu 45 Mio. Franken und zur anderen **Hälfte als Obligationskapital** zu 44 Mio. Franken aufgenommen werden. Das Aktienkapital von 45 Mio. Franken wiederum wird eingeteilt in: **42'000 Stammaktien** zu Fr. 500.- (21 Mio. Franken) und **48'000 Prioritätsaktien** zu Fr. 500.- (24 Mio. Franken).[12] [13] Das Obligationenkapital von 44 Mio. Franken unterteilt sich in eine **4%-Anleihe I. Hypothek** (29 Mio. Franken) und eine **4½%-Anleihe II. Hypothek** (15 Mio. Franken). Diese Kapitalstruktur entspricht der damals üblichen Praxis und ist auch sonst unbestritten.

---

[9] Artikel 2 der Gesellschaftsstatuten vom 27. Juli 1906

[10] Artikel 1

[11] Artikel 3, das Datum bezieht sich auf die Gründung der Spiez-Frutigen-Bahn.

[12] Artikel 4

[13] Jeder Aktionär ist berechtigt, an der Generalversammlung teilzunehmen und jede Aktie gibt das Recht auf eine Stimme. Der einzelne Aktionär darf aber nicht mehr als **5'000 Stimmen** auf sich vereinen und kann auf keinen Fall über mehr als den **fünften Teil der an der Versammlung vertretenen Stimmen** verfügen. Diese Bestimmung findet jedoch auf die Subventionsaktien des Staates Bern keine Anwendung.

Statuten

der

Berner-Alpenbahn-Gesellschaft

Bern-Lötschberg-Simplon

**Schweiz. Aktiengesellschaft. — Aktienkapital Fr. 45,000,000,
eingeteilt in 90,000 Aktien zu Fr. 500.**

Sitz der Gesellschaft in Bern.

I.

Firma, Zweck, Sitz und Dauer der Gesellschaft.

Art. 1.

Unter der Firma „Berner-Alpenbahn-Gesellschaft **Bern-Lötsch-berg-Simplon**" („Compagnie du Chemin de fer des Alpes Bernoises **Berne-Lœtschberg-Simplon**") besteht eine Aktiengesellschaft, welche zum Zwecke hat:

1. Den Bau einer normalspurigen Eisenbahn von Frutigen durch den Lötschberg nach Brig.

2. Die Erwerbung der Linie Spiez-Frutigen (Spiez-Frutigen-Bahn) mit der zudienenden Konzession.

3. Den Betrieb der ganzen Linie Spiez-Frutigen-Brig.

Die Grundlagen der Gesellschaft sind folgende:

a) Die Konzession einer Eisenbahn durch den Lötschberg vom 23. Dezember 1891 mit Nachträgen vom 10. Januar 1896, 26. März 1897, 18. Dezember 1899, 18. Juni 1904,

Die erste Seite der fünfzehnseitigen Statuten der Berner-Alpenbahn-Gesellschaft vom 27. Juli 1906.

18

<u>Der schweizerische Bundesrat,</u>

nach Einsicht

1. der von der konstituierenden Generalversammlung der Aktionäre der Berner Alpenbahn-
Gesellschaft Bern-Lötschberg-Simplon ange-
nommenen Statuten, vom 27. Juli 1906;
2. eines Berichtes und Antrages seines Eisenbahndepartements,

b e s c h l i e s s t :
1. Den Statuten der Berner Alpenbahn-
Compagnie du chemin
Gesellschaft Bern-Lötschberg-Simplon
de fer des Alpes Bernoises Berne-Lötschberg-
Simplon
vom 27. Juli 1906 wird, vorbehältlich der
gegenwärtigen und künftigen gesetzlichen
Vorschriften, die Genehmigung erteilt.
2. Dieser Beschluss ist den Statuten beizu-
drucken, und es ist ein mit den Original-
unterschriften versehenes Exemplar im Bundesarchiv niederzulegen.

Bern, den 18. August 1906.

Namens des schweiz. Bundesrates,

Der Bundespräsident:

Der Kanzler der Eidgenossenschaft:

*Bundespräsident
Johann Ludwig
Forrer
(1845-1921)*

*Bundeskanzler
Gottlieb Ringier
(1837-1929)*

*Genehmigung der Statuten durch den Bundesrat vom 18. August 1906. Unterschrieben von Bundes-
präsident Johann Ludwig Forrer (1845-1921) und von Bundeskanzler Gottlieb Ringier (1837-1929).*

Der Verwaltungsrat

Gewählt wird auch der 27 Mitglieder umfassende Verwaltungsrat. Dieser zeigt in seiner Zusammensetzung ein gutes Bild der Aktionärsstruktur der Gesellschaft. Grossen Einfluss haben die Mitglieder der **bernischen öffentlichen Hand** (Kanton oder Gemeinden), die **Bernische Eisenbahnunternehmen** (Emmentalbahn und Berner Oberland-Bahnen), die **Bankensyndikatsvertreter** und mehrere **Vertreter Frankreichs** (Französische Banken, Ingenieure und Bahnvertreter). Besonders auffällig – aber konform mit der damaligen politischen Mehrheit im Kanton Bern – die starke Dominanz von Vertretern der FDP.

Präsidium

Für eine Amtszeit von sechs Jahren werden der Berner Nationalrat J. Hirter zum Präsidenten, der Berner Regierungsrat G. Kunz zum I. Vizepräsidenten und der Paris Bankier J. Loste zum II. Vizepräsidenten gewählt.[14]

Präsident: Johann Daniel Hirter

Johann Daniel Hirter (1855-1926) ist für die Berner Alpenbahn die **zentrale Persönlichkeit** in der Gründungsphase und während den ersten Betriebsjahren. Er präsidiert schon 1902 das Initiativkomitee zum Bau der Lötschbergbahn. Bei der Gründung übernimmt er das Präsidium des Verwaltungsrats der Berner Alpenbahn-Gesellschaft. Diese Funktion behält er bis ins Jahr 1922. In dieser Zeit ist Hirter einer der markantesten Persönlichkeiten des öffentlichen Lebens in der Schweiz: Mit seinen exzellenten Verbindungen in die **Politik** und die **Finanz** verkörpert er die ideale Persönlichkeit um dieses Projekt voranzutreiben. Ursprünglich ist Hirter Speditions- und Kohleunternehmer in Bern. Von 1890 bis 1894 vertritt er den Freisinn im Grossen Rat des Kantons Bern und ist auch Präsident der kantonalen Partei. Von 1894 bis 1919 gehört er dem Nationalrat an und ist 1905/06 dessen Präsident. Von 1898 bis 1903 ist er Präsident der Freisinnigen Partei Schweiz. Hirter ist ein einflussreicher Vertreter von verschiedenen Wirtschaftsinteressen. Wertvolle Einblicke in das Schweizer Eisenbahnwesen erhält er von 1900 bis 1921 als Vertreter des Kantons Bern im Verwaltungsrat der **Schweizerischen Bundesbahnen**. Am 21. Februar 1902 kann der Berner Regie-

---

[14] Der Bund, Band 57, Nummer 350, 28. Juli 1906

rungsrat Morgenthaler der Öffentlichkeit mitteilen, dass «die **Berner Regierung** sich nach einem geeigneten Präsidenten umgesehen habe, und es gelungen sei, dafür Herrn Nationalrat Hirter zu gewinnen. So habe man die Person mit den **nötigen Eigenschaften** und dem **nötigen Namen** gefunden.» Und es ist tatsächlich so - Hirter erweist sich bald als wahrer Glücksfall für die Berner Alpenbahn-Gesellschaft und deren erfolgreiche Finanzierung. Besonders wichtig sind Hirters exzellente Beziehungen zur **Schweizer Finanzwelt**. Zwischen 1892 und 1907 ist er Präsident der **Kantonalbank von Bern** und von 1906 bis 1923 Präsident des Bankrats der **Schweizerischen Nationalbank**. So schreibt Volmar, der spätere Direktor der BLS: «Hirters Hauptverdienst für die BLS liegt unter anderem darin, dass er die **ersten Kontakte** mit der für die Finanzierung der Bahn entscheidenden **französischen Finanz- und Unternehmergruppe** knüpfen kann und auch später mit ihnen unterhandelnd die **Verträge** bereinigt».[15]

I. Vizepräsident: Gottfried Kunz

Gottfried Kunz (1859-1930) profiliert sich vor allem als bernischer Eisenbahnpolitiker und ist ab 1912 als **Direktionspräsident** entscheidend für die Realisierung der Berner Alpenbahn. Kunz wird im Seeländer Zauggenried als Sohn des Schulmeisters Jakob Kunz geboren. Nachdem er zwischen 1875 und 1878 das Lehrerseminar in Münchenbuchsee absolviert hat, ist er zunächst Primarlehrer in Büren an der Aare. In der Folge nimmt er bis 1884 ein Studium der Rechte an der Universität Bern auf. Nach dem Erwerb des Notariatspatents eröffnet Kunz 1885 ein Notariatsbüro und ab 1890 ein Anwaltsbüro in Biel. Er interessiert sich für Eisenbahnfragen

und arbeitet bald als Direktor der Wengernalpbahn, wird Verwaltungsrat der linksufrigen Thunerseebahn und ist Mitbegründer der Gornergratbahn. Als freisinniger Politiker vertritt Kunz seine Partei zwischen 1904 und 1912 als **Finanzdirektor im Berner Regierungsrat**. Darüber hinaus gehört er von 1907 bis 1919 dem Ständerat an, den er 1912/13 präsidiert. Er ist schon als Berner Finanzdirektor an der Gründung der Berner Alpenbahn-Gesellschaft beteiligt und fördert das Lötschbergbahn Projekt durch die **Sicherstellung der Finanzierung**. Im Verwaltungsrat ist er zuerst der wichtige Vertreter des Kanton Bern, dem Hauptaktionär und mit Abstand grösstem Geldgeber. Nach seinem Rücktritt als Berner Finanzdirektor widmet er seine Tätigkeit hauptsächlich der nun in Entstehung Bahn. Als **Direktionspräsident** führt er in den schwierigsten Jahren

---

[15] Volmar (1942), S.20

zwischen 1912 und 1928 das operative Geschäft der Gesellschaft. Über seinem Arbeitstisch hängt der für die ersten Jahrzehnte der Alpenbahn entscheidende Spruch «*Nicht in der Vermeidung, sondern in der Überwindung der Schwierigkeiten beruht das Geheimnis des Erfolges*».[16] Wegen seiner angeschlagenen Gesundheit wechselt Kunz wieder in den **Verwaltungsrat**, zuerst als I. Vizepräsident und danach als Präsident des Verwaltungsrates. Daneben hat er Verwaltungsratsmandate bei den **Berner Kraftwerken** und der **Schweizerischen Nationalbank**.

II. Vizepräsident: J. Loste

Der Pariser Bankier, J. Loste, hat entscheidenden Einfluss auf das Zustandekommen der **Finanzierung** der Berner Alpenbahn-Gesellschaft. Seine Pariser Bank **«J. Loste & Cie»** ist auf das Wertpapier-Emissionsgeschäft spezialisiert und agiert als Vertreter des wichtigsten französischen Geldgebers, der **Société Centrale des Banques de Province**. Ohne diese Geldgeber wäre die Bahn wohl nicht gebaut worden. J. Loste ist II. Vizepräsident und von 1915 bis 1924 I. Vizepräsident der Gesellschaft. Seine «J. Loste & Cie» wird 1911 zu einer Aktiengesellschaft mit einem Kapital von 25 Millionen Francs unter dem Namen **Crédit Français**.[17] J. Loste wird Ehrenpräsident und bleibt bis ins Jahr 1924 im Verwaltungsrat der Berner Alpenbahn-Gesellschaft.[18]

Weitere Verwaltungsratsmitglieder im Jahr 1906

Bouilloux-Lafont, Marcel *(1871-1944)*	Bankier, Delegierter des Verwaltungsrates der französischen Süd-Ost-Bahnen, Etampes, Frankreich.
Bühler, Gottlieb (1855-1937).	Nationalrat, Gründer der Spiez-Frutigen Bahn, Frutigen. Ein grosser Verfechter der Lötschberg-Variante.
Buffet, Léon	Industrieller, Präsident des Verwaltungsrates der Société Nancéienne de Crédit Industriel et de Dépôt, Nancy, Frankreich.
De Maistre, Rodolphe	Propriétaire, Beaumesnil Eure, Frankreich.
Descubes, Albert (1858-1927)	Oberingenieur der französischen Ostbahnen (Erbauer Pariser Gare de l'Est), Paris, Frankreich.
Gautier-Varinot, G.	Ingenieur, Paris, Frankreich.
Gobat, Albert (1813-1914)	Berner Regierungsrat, Bern.

---

[16] Nekrolog «Gottfried Kunz»
[17] Berner Tagwacht, Band 19, Nummer 143, 23. Juni 1911
[18] In den Jahren bis 1917 sitzt Loste noch in drei weiteren Verwaltungsräten, bei der «Banque de Commerce Privée de Saint-Pétersbourg», der «Banque de Crédit Hypothécaire et Agricole de l'État de Sao-Paulo» und im «Crédit Français». In den 1920er Jahren nimmt er noch Einsitz in den Verwaltungsräten der «Compagnie de Navigation Sud-Atlantique und den «Chantiers naval de l'Ouest».

Golliez, Henri (1861-1913)	Ingenieur, Professor der Mineralogie, Gutachter für Jungfraubahn, Simplontunnel und Furkabahn, Lausanne.
Könitzer, Karl (1854-1915)	Berner Regierungsrat, Bern.
Lohner, Emil (1865-1959)	Nationalrat, Berner Regierungsrat, 1923-27 Verwaltungsratspräsident, Thun.
Maraini E.	Abgeordneter, Rom.
Mauderli, Fridolin (1847-1921)	Direktor der Kantonalbank von Bern, Bern.
Michel, Dr. J. Friedrich (1856-1940)	Nationalrat, Berner Grossrat, Interlaken.
Morgenthaler, Niklaus Christian (1853-1928).	Kantonaler Eisenbahndirektor, Direktor der Emmentalbahn (die erste elektrische Vollbahn Europas), Burgdorf.
Petit, Casimir	Secrétaire Général du Syndicat des Banques de Province en France, (1927 II. Vizepräsident des VR), Paris, Frankreich.
Renauld, Ch.	Bankier, Gérant du Syndicat des Banques de Province en France, Paris, Frankreich.
Roesti, Robert	Bankier, Montreux.
Sarasin, Alfred H. (1865-1953)	Bankier, Basel.
Schneider-Montandon J. (1860-1916)	Fabrikant, Vereinigte Drahtwerke Biel, VR BKW, Biel.
von Steiger, Adolf (1859-1925)	Berner Stadtpräsident, später Bundeskanzler, Bern.
Studer, H.	Direktor Berner Oberland-Bahn und später BLS, Interlaken.
Trachsel Chr.	Grossrat, Bern.
Will, Eduard 1854-1927)	Generaldirektor BKW, Bern.
von Wurstemberger, Franz	alt Grossrat und Burgerpräsident, Bern.

Der Verwaltungsrat setzt sich im Jahr 1914 aus 41 Mitgliedern zusammen. Eine imposante Grösse. Erst im Laufe der Zeit wird durch Nichtbesetzung von vakant gewordenen Sitzen die Anzahl Verwaltungsräte reduziert. Ende des Jahres 1939 sind jedoch immer noch 31 Personen Mitglied des Verwaltungsrates, davon 13 Staatsvertreter (je 4 Bund und Kanton Wallis und 5 Kanton Bern).

Direktionskomitee

Es wird ferner ein **sieben Mitglieder** zählendes Direktionskomitee bestellt. Dieses erhält die Ermächtigung zur **Ausführung der weiteren Vorarbeiten und Massnahmen für die Verwirklichung der Unternehmenspläne**. Dem Direktionskomitee gehören J. **Hirter** (Präsident), G. **Kunz** (I. Vizepräsident), **Loste** (II. Vizepräsident), **Bühler**, **Golliez**, **Könitzer** und **Petit** an. Die geglückte und ausgewogene Zusammensetzung dieses zentralen Gremiums wird bald zu einer Basis für den weiteren Erfolg des Unternehmens. Hirter übernimmt die Finanzierung und Repräsentation des Unternehmens nach aussen, Kunz die eigentliche Führung des operativen täglichen Geschäftes. Auch die übrigen Mitglieder können ihr Wissen und ihre Erfahrung ideal ins Unternehmen einbringen: Bühler seine Erfahrung als erfolgreicher Präsident der Spiez-Frutigen-Bahn, Golliez sein Wissen als Ingenieur und Gutachter bei verschiedensten Schweizer Bergbahnen, Könitzer sein Wissen als erfahrener Baumeister und Vertreter des Kanton Bern sowie die Herren Loste und Petit als Vertreter der wichtigen französischen Geldgeber.

Stammaktien

Das gesamte Stammaktienkapital von insgesamt 21 Mio. Franken wird in Form von 42'000 Stammaktien[19] emittiert.[20] Dabei werden Zertifikate über 1 Aktie und über 10 Aktien gedruckt. Die Zeichnungen von Stammaktien haben faktisch den Charakter von Subventionsaktien, da sie fast ausschliesslich von öffentlichen Institutionen getätigt werden. Schon 1902 hat das Berner Volk im dritten Eisenbahndekret eine Subvention von 17.5 Mio. Franken an das zu gründende Unternehmen bewilligt. Entsprechend übernimmt der **Kanton Bern** 35'000 Stammaktien. Die Finanzierung der weiteren 3.5 Mio. Franken, welche von **bernischen Gemeinden und Bahngesellschaften** aufgebracht werden sollten, erweist sich schwieriger als erwartet. Nach längeren Diskussionen erhält jeder Kantonsteil eine bestimmte Quote zugeteilt, die dann unter die Gemeinden weiter verteilt wird. Die Stadt Bern übernimmt dabei eine Million Franken. Des Weiteren fordert die Eisenbahndirektion des Kantons Bern die Verwaltungsräte von **zehn lokalen Eisenbahngesellschaften** zur Übernahme von Subventionsaktien auf. Die grössten Zeichner sind die Berner Oberland-Bahnen mit 600 Aktien, die linksufrige Thunersee Bahn mit 500 Aktien sowie die Burgdorf–Thun-Bahn und die Wengernalpbahn mit je 300 Aktien. Der restliche Betrag von mehr als 2 Mio. Franken wird vom **französisch-schweizerischen Baukonsortium EGL** übernommen.

---

[19] Auf der Aktie beträgt das Aktienkapital 50'600'000 Franken. Dies ist nicht das Gründungskapital von 1906, sondern schon das Aktienkapital von 1911, dem Jahr als diese Stammaktien ausgegeben werden. Zwischen 1906 und 1911 halten die Aktionäre bloss Interimsscheine.

[20] Artikel 4 der Statuten

Zertifikat über 10 Stammaktien Fr. 500.-, Bern 1. August 1911 (Spiez–Frutigen–Brig 1. Emission)
(Schwarz, Dunkelviolett/grüngelb)

Prioritätsaktien

Im Gegensatz zu den Stammaktien werden die 42'000 Prioritätsaktien zu Fr. 500.- dem **gesamten in- und ausländischen Publikum** angeboten. Im Emissionsprospekt vom 27. Juni 1906 legt das Initiativkomitee die Bedingungen der Emission der Prioritätsaktien fest. Sie sollen für die Investoren attraktiv sein: Die Prioritätsaktien haben das Privileg auf eine Dividende von bis zu 4½ Prozent. Erst danach erhalten die Stammaktien bis zu 4 Prozent Dividende. Ein weiterer Überschuss soll gleichmässig auf sämtliche Aktien verteilt werden. Die Prioritätsaktien erhalten zusätzlich während der Bauphase einen Bauzins von 4 Prozent und eine Minimaldividende von 4 Prozent während der ersten zwei Jahre des Betriebes.

Wie die Stammaktien haben auch die Prioritätsaktien einen nominalen Wert von Fr. 500.-. Sie werden dem Publikum zu 100 Prozent bzw. Fr. 500.- angeboten. Das Prioritätsaktienkapital von 24 Mio. Franken wird von vier Banken aufgebracht. Diese übernehmen die Titel fest zu 94 Prozent.

Nur ein Viertel des gezeichneten Kapitals stammt aus der Schweiz, die Privatbank «A. Sarasin & Cie.» in Basel zeichnet 1 Million und die «Kantonalbank von Bern» 5 Mio. Franken. **Drei Viertel des Prioritätsaktienkapitals stammen aus Frankreich**: Die «Banque J. Loste & Cie.» zeichnet für 11 Mio., die «Société Centrale des Banques de Province» steuert weitere 7 Mio. Franken bei. Für Frankreich wird ein spezieller Zeichnungsprospekt aufgelegt.

Die Prioritätsaktien können zwischen dem 7. und 17. Juli 1906 gezeichnet werden gegen am 27. Juli 1906 ausgegebene provisorische Quittungen, die nach Konstituierung der Gesellschaft in Interimsscheine gewechselt werden. Diese wiederum werden bei Voll-Liberierung der Prioritätsaktien gegen definitive Aktientitel mit gleichem Datum getauscht.

Der Emissionskurs der Prioritätsaktien wird auf pari, bzw. Fr. 500.- festgesetzt. Bei Zeichnung (Subskription) sind Fr. 100.-, vom 21. bis 31. August Fr. 150.- und vom 25. Dezember 1906 bis 15. Januar 1907 der Restbetrag von Fr. 250.- fällig.

Rechts: Prioritätsaktie Fr. 500.-, Bern, 27. Juli 1906. Diese Prioritätsaktien wurden dem Publikum angeboten und hauptsächlich von französischen Banken gezeichnet. (Schwarz, Dunkelviolett/grün, zum Teil mit rosa Verzierung)

BERNER-ALPENBAHN-GESELLSCHAFT
BERN-LÖTSCHBERG-SIMPLON
konstituiert den 27. Juli 1906.
Aktienkapital Fr. 45,000,000. —
eingeteilt in Fr. 21,000,000 Stammaktien und Fr. 24,000,000 Prioritätsaktien.
Prioritäts-Aktie
von
FÜNFHUNDERT FRANKEN
voll einbezahlt.
BERN, den 27. Juli 1906.
Berner-Alpenbahn-Gesellschaft
BERN-LOTSCHBERG-SIMPLON
Namens des Verwaltungsrates
Ein Mitglied — Un administrateur:
Aktie auf den Inhaber, solange nicht die Eintragung auf den Namen im Aktientitel bescheinigt ist.
COMPAGNIE DU CHEMIN DE FER DES ALPES BERNOISES
BERNE-LŒTSCHBERG-SIMPLON
constituée le 27 juillet 1906.
Capital-actions Frs. 45,000,000. —
divisés en frs. 21,000,000 actions ordinaires et frs. 24,000,000 actions privilégiées.
Action privilégiée
de
CINQ CENTS FRANCS
entièrement versés.
BERNE, le 27 juillet 1906.
Compagnie du Chemin de fer des Alpes Bernoises
BERNE-LŒTSCHBERG-SIMPLON
Au nom du Conseil d'Administration
Der Präsident — Le Président:
Cette action est au porteur; elle devient nominative par l'inscription certifiée au verso du présent titre.
Fr. 500
No 39057
500

In der Schweiz findet die **Subskription bei den Syndikatsbanken** «Kantonalbank in Bern», «Schweizerische Eisenbahnbank» und der Privatbank «A. Sarasin & Co» sowie bei vielen weiteren Zeichnungsstellen in 36 Städten statt. In Frankreich können die Aktien gezeichnet werden bei den zwei direkt beteiligten Banken, «Banque J. Loste & Cie.» und «Société Centrale du Syndicat des Banques de Province», sowie von der «Banque I.R.P. des Pays Autrichiens», der «Banque Franco-Américaine» und der «Banque de Bordeaux». Zusätzlich liegen die Prospekte der Emission auch noch in Luxemburg bei der «Banque Internationale de Luxembourg» auf.

PROSPEKT

Berner-Alpenbahn-Gesellschaft

Bern-Lötschberg-Simplon

Gesellschaftssitz: BERN

Emission von 48,000 Prioritätsaktien zu Fr. 500

Die in Gründung begriffene Berner-Alpenbahn-Gesellschaft (Bern-Lötschberg-Simplon) beruht auf der eidgenössischen Konzession vom 23. Dezember 1891 mit Modifikationen vom 10. Januar 1896, 26. März 1897, 18. Dezember 1899, 18. Juni 1904, 19. Dezember 1904 und 30. März 1906, deren sämtliche Rechte und Pflichten der genannten Gesellschaft durch Beschluss des bernischen Grossen Rates vom 27. Juni 1906 übertragen worden sind.

Der für die Ausführung des Gegenstandes der Konzession aufgestellte Finanzierungsplan, wie er vom Initiativkomitee der Lötschbergbahn der bernischen Regierung eingereicht wurde, hat unter dem nämlichen Datum die Genehmigung des Grossen Rates erhalten.

Das für den Bau und die Inbetriebsetzung der Linie erforderliche Kapital ist auf Fr. 89,000,000 festgesetzt worden und ist wie folgt zusammengesetzt:

Aktienkapital:

Stammaktien (Subventionsaktien)	Fr.	21,000,000
Prioritätsaktien mit 4½ % Vorzugsdividende	»	24,000,000

Obligationenkapital:

4 % Obligationen I. Hypothek	Fr.	29,000,000
4½ % Obligationen II. Hypothek	»	15,000,000
	Total Fr.	89,000,000

Die beiden Anleihen I. und II. Hypothek sind von Bank-Syndikaten fest übernommen worden, gemäss Vereinbarungen zwischen diesen und dem Initiativkomitee, welche auf die Gesellschaft übertragen werden, sobald dieselbe konstituiert ist.

Von den 21 Millionen Franken Subventionsaktien hat der Staat Bern, auf Grund des kantonalen Gesetzes vom 18. März 1902, sich verpflichtet, eine Summe von Fr. 17,500,000 zu übernehmen. Die restlichen Fr. 3,500,000 sollen von Gemeinden, Korporationen und andern Interessenten gezeichnet werden.

Diese Aktien erhalten während der Bauzeit keinen Zins.

Die Prioritätsaktien geniessen das Recht, vor jeder Verteilung an die andern Aktien eine Dividende von 4½ % zu beziehen. Nachher erhalten die Stammaktien 4 %, und ein Ueberschuss wird unter sämtliche Aktien im Verhältnis ihrer Anzahl verteilt.

Während der Bauzeit erhalten die Prioritätsaktien einen Bauzins von 4 %, und während der beiden ersten Jahre des Betriebes wird ihnen eine Minimaldividende von 4 % gewährleistet.

Die fälligen Coupons der Prioritätsaktien sind zahlbar in Schweizer Währung und im Auslande zum Mittelkurse von Checks auf die Schweiz am Verfalltage:

in **Bern:** bei der **Kasse der Berner-Alpenbahn-Gesellschaft** (Bern-Lötschberg-Simplon);
bei der **Kantonalbank von Bern**;

in **Basel:** bei der **Schweizerischen Eisenbahnbank**;
beim **Schweizerischen Bankverein**;
bei der **Basler Handelsbank**;
bei Herren **A. Sarasin & Co.**;

in **Genf:** bei der **Union Financière de Genève**;

in **Zürich:** bei der **Schweizerischen Kreditanstalt**;
bei der **Aktiengesellschaft Leu & Co.**;
bei der **Eidgenössischen Bank A.-G.**;
bei Herren **Alf. Schuppisser & Co.**

Für das Abonnement der Prioritätsaktien auf die französische Stempelgebühr, sowie zur Erlangung der offiziellen Kotierung dieser Aktien an den Börsen Bern, Basel, Genf, Zürich und Paris werden die nötigen Eingaben sofort nach der Konstituierung der Gesellschaft erfolgen.

Bern, den 27. Juni 1906.

Der Präsident des Initiativkomitees der Lötschbergbahn:
Hirter.

Subskription

Die Subskription auf die

48,000 Prioritätsaktien zu Fr. 500

der Berner-Alpenbahn-Gesellschaft (Bern Lötschberg-Simplon) findet bei den unten aufgeführten Zeichnungsstellen statt

von Samstag, den 7. bis Dienstag, den 17. Juli 1906

zu folgenden Bedingungen:

1) Der Emissionskurs ist auf pari festgesetzt, mithin Fr. 500 per Aktie,
zahlbar: Bei der Zeichnung . . . . » 100
Vom 21. bis 31. August 1906 . . . . . . » 150
Der Rest spätestens 6 Monate nach der Konstituierung der Gesellschaft auf Einforderung des Verwaltungsrates . . . » 250
Den Aktionären wird das Recht der vorherigen Vollzahlung eingeräumt entweder bei Anlass der Zeichnung oder auf jeden Einzahlungstermin; in diesem Falle wird ihnen auf den vorzeitig geleisteten Einzahlungen ein Zins von 4 % vergütet, zahlbar bei Anlass des Umtausches der definitiven Titel.

2) Im Falle einer Ueberzeichnung findet eine gleichmässige Reduktion sämtlicher Zeichnungen statt.

3) Gegen die erste Einzahlung von Fr. 100 erhalten die Zeichner eine provisorische Quittung, welche nach der Konstituierung der Gesellschaft gegen einen Interimsschein ausgetauscht wird.

Bern und Basel, 27. Juni 1906. (1699)

Kantonalbank von Bern
Schweizerische Eisenbahnbank
A. Sarasin & Co.

Zeichnungsstellen siehe folgende Seite.

Prospekt zur Emission der Prioritätsaktien im Schweizerischen Handelsamtsblatt 1906 Nr. 294.

Obligationen

Bei Gründung wird auch eine **4%-Hypothekar-Anleihe im I. Rang** im Betrag von 29 Mio. Franken ausgegeben. Dieses Kapital ist in der Zeitspanne zwischen dem 15. und 25. Oktober 1906 zu zeichnen und einzuzahlen. Es wird bereits ab 1. November 1906 verzinst. Zuerst erhält der Zeichner einen **Interimsschein** mit sechs Zinscoupons für die halbjährliche Zinszahlung bis zum 1. November 1909. Nach Erfüllung der gesetzlichen Vorschriften betreffend die Eintragung der Hypothek im eidgenössischen Pfandbuch werden diese ohne Übereinstimmung der Nummern gegen die definitiven Obligationszertifikate umgetauscht.

Den grössten Teil von 15 Mio. Franken übernimmt die «**Société Centrale**» zu 96.5 Prozent. Die Privatbank «**A. Sarasin & Co.**», die «**Banque J. Loste**» und die «**Kantonalbank von Bern**», übernehmen je 4 Mio. Franken. Das Pfandrecht der Anleihe läuft auf die zu bauende Strecke Frutigen-Brig. Die einzelnen Obligationsscheine haben mit Fr. 500.- den identischen nominalen Wert wie die Aktien und sind mit einem Halbjahreszinscoupons von je Fr. 10.- am 1. November und 1. Mai (d.h. jährlich 4 Prozent) versehen. Sie sind gemäss einem auf der Obligation aufgedruckten Tilgungsplan per jährliche Auslosung von 1916 bis 1971 rückzahlbar. Der Emissionskurs wird auf Fr. 498.50 festgelegt. Die Aufnahme der **4½%-Hypothekar-Anleihe im II. Rang** von 15 Mio. Franken ist erst für später vorgesehen. Diese wird dann vollständig zu 97 Prozent durch die «Kantonalbank von Bern» übernommen.

Zeichner des Gründungskapitals der Berner Alpenbahn-Gesellschaft (Mio. Franken)

Zeichner	Aktien Stamm	Aktien Priorität	Obligationen I. Rang	Obligationen II. Rang	Total	Anteil
Kanton Bern	17.5				17.5	20%
Berner Gemeinden	2.2				2.2	2%
Lokale Eisenbahnen	1.3				1.3	1%
Berner Kantonalbank		5	4	15	24.0	27%
Bank Sarasin & Cie		1	4		5.0	6%
Banque J. Loste & Cie		11	4		15.0	17%
Société Centrale		7	15		22.0	25%
Andere			2		2.0	2%
Total	**21**	**24**	**29**	**15**	**89.0**	**100%**
Anteil	**24%**	**27%**	**33%**	**17%**	**100%**	

Fr. 500.—
Intérêt 4%
Zins 4%
COMPAGNIE DU CHEMIN DE FER DES ALPES BERNOISES
Berner-Alpenbahn-Gesellschaft
Berne-Lœtschberg-Simplon
Capital-Actions Fr. 45,000,000
Aktien-Kapital Fr. 45,000,000
Emprunt hypothécaire
Hypothekar-Anlehen
en Ier rang
im I. Rang
de — von
Francs 29,000,000 Franken
OBLIGATION
№ 47048
de — von
Cinq cents francs — Fünfhundert Franken
La Compagnie du Chemin de fer des Alpes Bernoises Berne-Lœtschberg-Simplon reconnaît devoir au porteur de la présente obligation la somme de cinq cents francs; elle s'engage à en payer l'intérêt à raison de 4% l'an et à rembourser le capital suivant les conditions énoncées au verso.
Berne, 1er novembre 1906.
Die Berner-Alpenbahn-Gesellschaft Bern-Lötschberg-Simplon anerkennt hiermit, dem Inhaber gegenwärtiger Obligation die Summe von Fünfhundert Franken schuldig zu sein, mit der Verpflichtung, dieselbe zu 4% per Jahr zu verzinsen und nach Massgabe der umstehend angegebenen Bedingungen zurückzuzahlen.
Bern, 1. November 1906.
Compagnie du Chemin de fer des Alpes-Bernoises — Berner-Alpenbahn-Gesellschaft
Berne-Lœtschberg-Simplon
Au nom du Conseil d'administration — Namens des Verwaltungsrates
Le Président — Der Präsident:
Un Administrateur — Ein Mitglied:
Eingetragen im schweizerischen Eisenbahn-Pfandbuch Nr. III, Fol. 16 und 17, gemäss bundesrätlicher Bewilligung vom 23. April 1907.
Le Conservateur des hypothèques: — Der Pfandbuchführer:
Typ. Büchler & Co., Bern

Kotierung der Wertpapiere

In Ausführung der Bestimmungen im Emissionsprospekt verlangt die Gesellschaft die Kotierung der **Prioritätsaktien** Nr. 1 - 48'000 und der **4%-Obligationen I. Rang** an den Börsen in **Bern, Basel, Zürich, Genf und Paris.** Die erstmaligen Notierungen erfolgen in Bern im Januar 1907, in Paris im Oktober 1907 und in Basel, Genf und Zürich im Januar 1908. Paris wird zum wichtigsten Handelsplatz für die Aktien und Obligationen der Gesellschaft. An den Schweizer Börsen bleibt vor allem der Handel mit den Prioritätsaktien sehr gering.

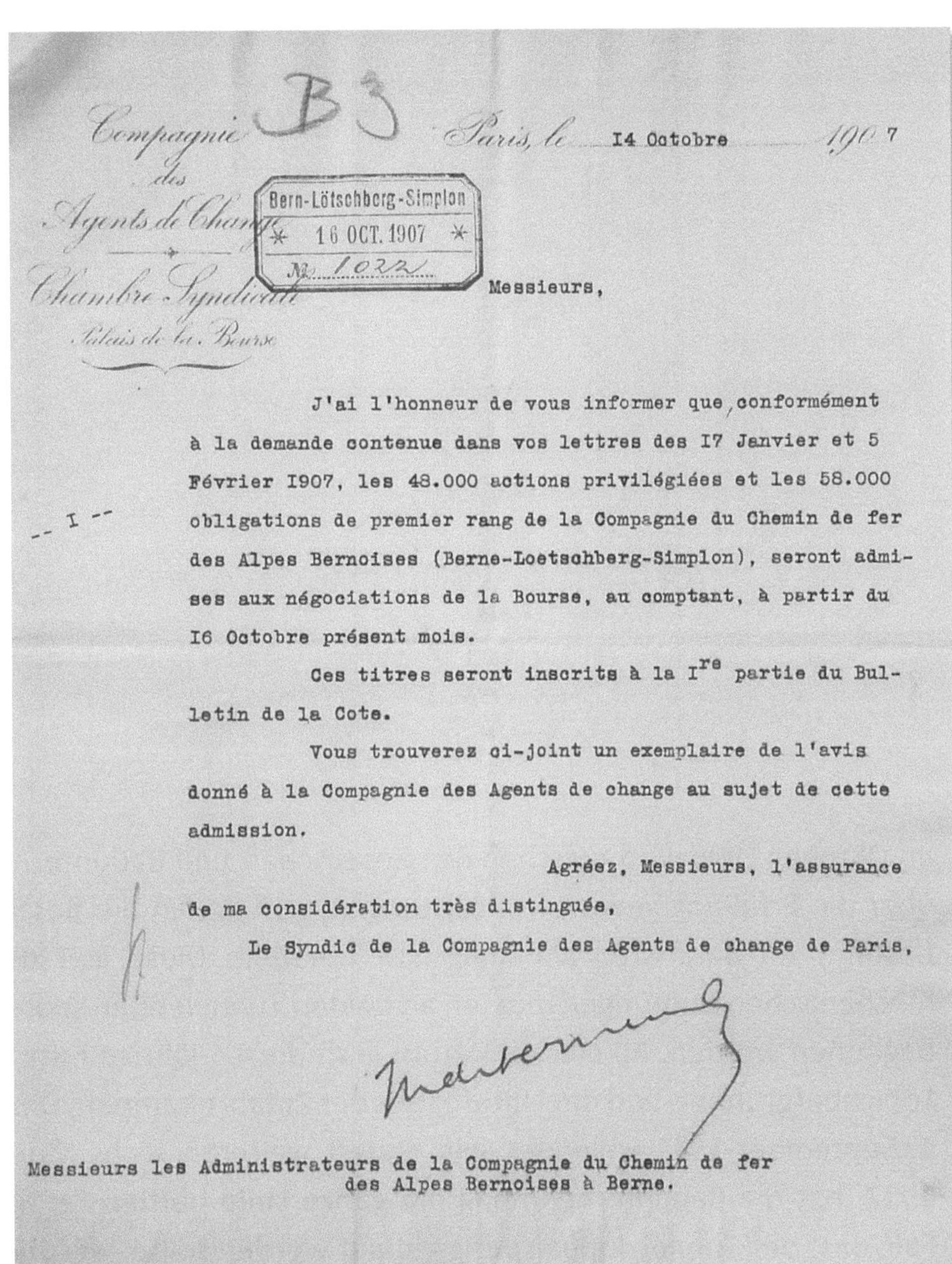

Zulassungsbestätigung «Compagnie des Agents de Change, Chambre Syndicale», Palais de la Bourse, Paris, Bestätigung, 14. Oktober 1907. Die 48'000 Prioritätsaktien und die 58'000 Obligationen der Gesellschaft sind ab 16. Oktober Pariser Börse zugelassen.

Links: 4%-Obligation, I. Rang, Fr. 500.-, Bern, 1. November 1906, Gründeranleihe, Druckunterschrift von Hirter als Präsident und Originalunterschrift von Buffet als Mitglied des Verwaltungsrates. (Schwarz/graublau). Den entsprechenden Interimsschein finden Sie auf Seite 167ff.

Baubeginn

Das Baukonsortium «Entreprise Générale du Chemin de fer des Alpes Bernoises, Berne-Lötschberg-Simplon» erhält am 27. Juli 1906 den Auftrag zum Bau der rund 58 Kilometer langen Bergstrecke Frutigen–Brig, deren Hauptbauwerk der 13,7 km lange Lötschbergtunnel ist. Ein guter Zeitpunkt, denn zur gleichen Zeit kommen aus dem Süden positive Nachrichten: Der Simplontunnel zwischen Brig und Iselle (Italien) sowie die Weiterführung der Strecke nach Italien werden eingeweiht.

Im Oktober 1906 wird zwischen der Gesellschaft und Bauunternehmung ein «Protokoll über die Erfüllung gewisser ... Leistungen, von denen die Berechnung der vertraglich bestimmten Baufristen abhängig ist»[21] erstellt. Diese legt die Baufristen fest: Die mechanischen Bohrungen müssen an beiden Tunnelenden spätestens am 1. März 1907 begonnen werden. Ab diesem Datum läuft die 4½-jährige Frist für die Ausführung des Lötschbergtunnels und des Unterbaues der Zufahrtsrampen. Diese Arbeiten müssen bis 1. September 1911 vollendet sein. Innert weiteren sechs Monaten, also bis **1. März 1912**, hat die Bauunternehmung die **ganze Linie** betriebsfertig herzustellen. Für den Fall, dass der Tunnel doppelspurig gebaut werden sollte, worüber die Bahngesellschaft sich innert Jahresfrist nach Beginn der Bauarbeiten zu entscheiden hat, erfahren die genannten Baufristen eine Verlängerung um sechs Monate.

---

[21] Der Bund, Band 57, Nummer 476, 10. Oktober 1906

Übernahme der Spiez–Frutigen-Bahn

Schon bei der Erteilung der Konzession an die **Spiez–Frutigen-Bahn** am 20. Dezember 1890 durch die Bundesversammlung ist geplant, diese später **als nördliche Zufahrt zum Lötschbergtunnel in die Lötschbergbahn zu integrieren.** Der Erwerb dieser Bahn ist dann auch in den Statuten der Berner Alpenbahn-Gesellschaft in Artikel 1 Absatz 2 festgehalten. Die Spiez–Frutigen-Bahn hat eine Länge von 13.4 Kilometern und verbindet die Thunersee Bahn mit Frutigen. Diese Strecke gilt schon bei Gründung als Vorstufe zur eigentlichen Lötschberglinie und ist deshalb auch normalspurig und mit entsprechend starkem Unter- und Oberbau angelegt. Der Kanton Bern ist an dieser Gesellschaft mit rund 58 Prozent massgeblich beteiligt.

Der **Kaufpreis** für die Spiez–Frutigen-Bahn Gesellschaft beträgt **3.5 Mio. Franken**. Die Berner Alpenbahn Gesellschaft nimmt dafür eine **Erhöhung des Aktienkapitals** um 2.6 Mio. Franken und des **Obligationskapitals** um 800'000 Franken vor. Solange die Berner Alpenbahn ihren durchgehenden Betrieb nicht aufnehmen kann, d.h. bis zur Vollendung des Lötschbergtunnels, übernimmt die Thunerseebahn im Auftrag der Berner Alpenbahn den Betrieb dieser Strecke.

*Zwei Historische Wertpapiere der «Spiez-Frutigen-Bahn»: Beide mit Faksimile Unterschrift von **Arnold Gottlieb Bühler**. Links: Spiez–Frutigen-Bahn, Obligation Fr. 1'000.-, Frutigen, 1. Mai 1901. (Schwarz, Grün/beige). Die vergrösserten Vignetten der Aktie der Spiez–Frutigen-Bahn von 1900 (siehe nächste Seite) mit Ansicht der **Kirche in Frutigen** vor dem Kantertal (oben) und von **Spiez** (unten).*

500

SPIEZ-FRUTIGEN-BAHN

konstituiert am 26. September 1898

AKTIE

VON

FÜNFHUNDERT FRANKEN

500 Franken

AUF DEN INHABER

№ 4383

FRUTIGEN, DEN 1. OKTOBER 1900.

Für die Direktion der Spiez-Frutigen-Bahn:

500

Typ. Otto Schläfli, Interlaken.

34

Ausbau des Haupttunnels auf Doppelspur

Da nun klar ist, dass die Lötschberg Linie gebaut wird, gelangt der Kanton Bern an den Bund mit der Bitte um eine Beteiligung an der Bahn. Dabei wird hauptsächlich an die Zeichnung von Stammaktien durch die Eidgenossenschaft gedacht zum **Ausbau des Haupttunnels auf eine Doppelspur** und zur **Erstellung erweiterter Zufahrtsrampen**.

Der Bundesrat ist dem Projekt gegenüber immer noch sehr skeptisch eingestellt. Nach langen Beratungen geht er jedoch auf das Berner Angebot ein. Die Eidgenossenschaft verzichtet aber auf eine Beteiligung an der Gesellschaft und beschliesst per dringlichem Bundesbeschluss «aus volkswirtschaftlichen, politischen und Billigkeitsgründen, aus freundeidgenössischer Gesinnung» die Berner Alpenbahn-Gesellschaft mit **6 Mio. Franken** «à-fonds-perdu» zu unterstützen.[22] Dieser Bundesbeitrag ist jedoch bescheiden, haben doch Berechnungen ergeben, dass dieser Ausbau gesamthaft **17 Mio. Franken** bedingt.

An der ausserordentlichen Generalversammlung vom 30. September 1907 wird deshalb beschlossen, das benötigte zusätzliche Kapital von 11 Mio. Franken durch **Erhöhung des Aktienkapitals um 3 Mio. Franken** (6'000 neue Prioritätsaktien zu je Fr. 500.- Nennwert) und **Ausgabe weiterer Obligationen im Betrag von 8 Mio. Franken** (4½%-Obligationen II. Rang) zu beschaffen. Die neuen Aktien werden fast vollständig vom bisherigen grossen Aktionär, dem Bankhaus «J. Loste & Cie.», übernommen. Somit liegt der Anteil des französischen Kapitals am zusätzlichen Anlagekapital bei rund zwei Dritteln.

Die Bauarbeiten am Lötschberg

Am 15. Oktober 1906 wird mit dem Abtrag von Bergschutt vor dem künftigen Nordportal des Tunnels bei Kandersteg begonnen. Zwei Wochen später beginnen in Goppenstein die Bauarbeiten für den Tunnel selbst, einen Tag später auch auf der Nordseite.

Gegenüber: Die prächtige Spiez-Frutigen-Bahn, Aktie Fr. 500.-, Frutigen, 1. Oktober 1900 mit Unterschrift von Arnold Gottlieb Bühler (1855-1937), später Verwaltungsratsmitglied der Berner Alpenbahn-Gesellschaft. (Braun/braungelb)

---

[22] Dieser bezeichnet Beiträge, meist Investitionsbeiträge oder Sanierungsbeiträge, auf deren Rückzahlungspflicht die öffentliche Hand von vornherein verzichtet. Die damaligen Beobachter beurteilen diese Zahlung «à-fonds-perdu» dahingehend, dass der Bundesrat verhindern will, dass bei eventuellen [und von Experten des Bundes auch erwarteten] finanziellen Schwierigkeiten der Berner Alpenbahn die Eidgenossenschaft plötzlich in die Pflicht genommen wird. Denn aus einer Beteiligung des Bundes an der Gesellschaft könnte eine zumindest moralische Pflicht zu weiteren finanziellen Interventionen und Subventionen abgeleitet werden. Eine nicht unbegründete Befürchtung, da diese Überlegung bei den späteren Problemen der Bahn - und dies auch ohne direkte Beteiligung des Bundes - vielfach und vehement geäussert wird. (vgl. Meyer, H.R. [1940]: Die Bernischen Dekretsbahnen.)

Der Lötschbergtunnel im Bau, Aufnahme von 1907 (BLS)

Zunächst wird im Tunnel mit bescheidenen Mitteln von Hand gearbeitet. Mechanische Bohrhämmer finden ab März 1907 ihren Einsatz. Die Bohrhämmer und die Stollenlokomotiven werden mit Druckluft betrieben. An der Tunnelfront arbeiteten 17 bis 20 Mineure in Achtstundenschichten sieben Tage in der Woche. Einzig während der Oster- und Weihnachtsfeiertage werden die Bohrungen kurz unterbrochen. Anfang 1908 arbeiten rund **1700 Personen** an dem Tunnel, wobei dies zum grössten Teil **Gastarbeiter italienischer Herkunft** sind. Die rund 220 Ingenieure und Vorarbeiter sind überwiegend Schweizer und Franzosen.[23] Die Bauarbeiten unter der Oberaufsicht des Bernischen Baudirektors Franz Rudolf von Erlach (1860-1925) und den Oberingenieuren Ferdinand Rothpletz (1872-1949) für die Nordseite und Ch. Moreau (Südseite) gehen zunächst gut voran. Ende Februar 1908 ereignet sich jedoch in Goppenstein ein Lawinenunglück mit zwölf Toten. Der schwerste Rückschlag ereignet sich am 24. Juli 1908. Bei Bohrarbeiten direkt unter der Kander im **Gasterntal** brechen plötzlich grosse Mengen von Wasser und Sedimentgestein in den Tunnelstollen und füllen ihn gänzlich mit Geröll und Geschiebe. Dabei kommen 26 italienische Mineure ums Leben. Entgegen den Vermutungen eines geologischen Gutachtens von 1900 ist man statt in Felsen in Schwemmmaterial unter dem Boden des Gasterntals eingedrungen.

---

[23] wikipedia.org/wiki/Lötschbergtunnel

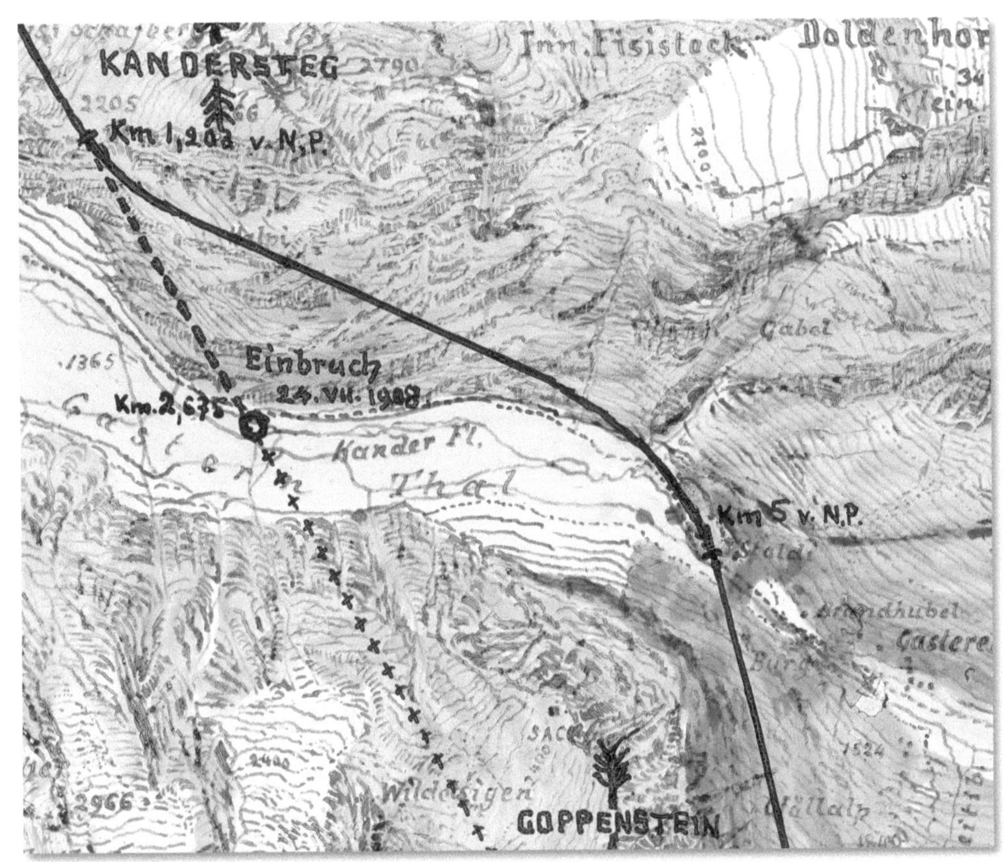

Zeitgenössische geologische Karte des Gasterntal-Einbruchs
(ETH-Bibliothek Dia 247-Z-00031)

Infolge dieses schrecklichen Ereignisses sind die Bauarbeiten während rund sechs Monaten stillgelegt. Der Bundesrat genehmigt im Dezember 1908 den Bau des Umgehungsstollens mit der daraus **resultierenden geschwungenen Linienführung des Tunnels**. Der mit Schutt ausgefüllte Stollen wird zugemauert und mit einer Schleife innerhalb des Bergs umfahren. Dies hat zur Folge, dass der Lötschbergtunnel **807 Meter länger** wird als vorgesehen, nämlich 14'612 Meter. Allen Widrigkeiten zum Trotz wird am 31. März 1911 der Berg durchstossen - nach viereinhalb Jahren Bauzeit und mit bloss 14 Monaten Verspätung. Ab dem 20. Juli 1912 werden die Schienen für die Normalspur verlegt. Am 28. September ist der Tunnel zunächst einspurig durchgehend befahrbar. Nach der Fertigstellung des zweispurigen Gleiskörpers und der Installation der Fahrdrahtleitungen fährt am 3. Juni 1913 die erste Elektrolokomotive durch den Tunnel. Drei Tage später nimmt die Eidgenössische Behörde den Tunnel ab und erteilt die Betriebsbewilligung. Am **15. Juli 1913 kann die Lötschberg Linie dem öffentlichen Verkehr** übergeben werden. In der Finanzrechnung schlagen sich diese Unfälle und Verzögerungen natürlich sehr negativ nieder. Die **Mehrkosten für den Bau des Lötschbergtunnels** (Linie Frutigen-Brig) belaufen sich auf **16.5 Mio. Franken.**

Hans Wagula, Lötschberg, 1912, Druck: Hubacher & Co. AG Bern.

Grenchenbergtunnel Moutier–Lengnau

Der Bau eines Tunnels durch den Grenchenberg in den Berner Jura ist schon seit langem ein wichtiges Anliegen der Berner Eisenbahnpolitiker. BLS-Direktionspräsident Kunz gelingt es die auch französischen Investoren für dieses Projekt zu gewinnen. Frankreich hat ein grosses Interesse an einer attraktiveren und kürzeren Verbindung von der Grenze durch den Jura über Moutier nach Bern. Nach Verhandlungen mit der Berner Kantonsregierung unter Mitwirkung des Eidgenössischen Eisenbahndepartements erklären sich die **Städte Grenchen** und **Biel** gerne bereit, ihre seit 1902 laufende Konzession zum Bau dieses Tunnels abzutreten.[24]

*Aktie des Crédit Français. F 500, Paris, Mai 1913. Unten rechts, mit der Unterschrift von Paul Doumer (1857-1932), dem späteren **Präsidenten Frankreichs** (1932) als Président du Conseil d'Administration. (Schwarz, Blau/grün)*

Die Realisierung dieses Tunnels würde an sich im Aufgabenbereich der **Schweizerischen Bundesbahnen** liegen, da dieser geographisch weit ausserhalb der eigentlichen Stammlanden der Berner Alpenbahn liegt. Die SBB zeigen jedoch daran **keinerlei Interesse**. Im Gegenteil, sie opponieren vehement und versuchen den Bau dieser Ab-

---

[24] Die Konzessionshalter sind die Grenchner Luterbacher und Schild sowie die Bieler Eduard Will, Nationalrat (späterer Verwaltungsrat der BLS) und Eduard Stauffer, Bieler Stadtpräsident, sowie Notar G. Kunz (später Regierungsrat und Direktor der BLS).

kürzungslinie durch den Jura zu verhindern. Trotzdem erteilt der Bund der Berner Alpenbahn 1909 die Konzession für den Bau und Betrieb dieser «Moutier–Lengnau-Bahn». Im Oktober 1911 sind **Finanz- und Bauvertrag** bereit zur Unterschrift.

Finanzvertrag:

Das Bauwerk ist auf total 26 Mio. Franken budgetiert. Auf finanzielle Mithilfe des Bundes oder gar der SBB ist nicht zu hoffen. So liegt es nahe, auch für diesen Bau französisches Kapital zu gewinnen. Der **Crédit Français** ist bereit, einen Betrag von **15 Mio. Franken** zu übernehmen. Diese Bank hat mittlerweile die bisher für die Berner Alpenbahn federführende Bank «J. Loste & Cie.» übernommen.[25] Der Bankier J. Loste wird Ehrenpräsident des «Crédit Français» und bleibt auch Vertreter der französischen Geldgeber im Verwaltungsrat der Berner Alpenbahn-Gesellschaft.

Eine weitere Beteiligung von **10 Mio. Franken** durch die französische **«Chemin de fer de l'Est»** kann am 18. Juni 1909 in einem Staatsvertrag zwischen Frankreich und der Schweiz[26] gesichert werden. Die Beteiligung der «Chemin de fer de l'Est» wird dabei von einer spätestens zwei Jahre nach der Vollendung der Lötschbergbahn zu erfolgende Inbetriebnahme der neuen Strecke sowie einer Verständigung der Berner Alpenbahn mit den Schweizerischen Bundesbahnen, betreffend Verkehrsteilung, abhängig gemacht.[27]

Bauvertrag:

Am 26. Oktober 1911 wird der Bauvertrag mit dem von den französischen Ingenieuren Ferdinand Rothpletz und V. Prud'homme gegründeten Bauunternehmen **«Société franco-suisse de construction du chemin de fer Moutier-Longeau, F. Allard, L. Chagnaud, A. Couvreux, J. Dollfuss, V. Prudhomme, L. Wiriot et F. Rothpletz»** abgeschlossen. Die Société Franco-Suisse verpflichtet sich vertraglich, den Bau innerhalb von 46 Monaten nach der Genehmigung des Bauvertrags zu vollenden - mehr als ein Jahr schneller als die Konkurrenten – und den Eisenbahnbetrieb zwei Jahre nach der Eröffnung der Lötschbergline aufzunehmen. Der Termin für die Inbetriebnahme wird auf den 6. September 1915 festgelegt.

---

[25] Der Crédit Français war sehr aktiv im Westen Frankreichs und gründete den «Crédit nantais» und den «Crédit de l'Ouest». Er übernahm auch Beteiligungen in Italien, Russland, Bulgarien und Brasilien. 1917 wurden die meisten Aktivitäten des Crédit Français von der Banque Nationale de Crédit übernommen. Diese wiederum musste 1932 liquidiert werden. Die Banque Nationale pour le Commerce et l'Industrie, eine der Vorgängerinnen der heutigen BNP Parisbas, übernahm deren Aktiven.

[26] Staatsvertrag zwischen der Schweiz und Frankreich betreffend die Zufahrtslinien zum Simplon vom 18. Juni 1909.

[27] Art. 8: «Wenn die zwischen der Verwaltung der Schweizerischen Bundesbahnen und den neuen Konzessionären der Linie Münster–Grenchen über die Verkehrsteilung erzielte Verständigung endgültig angenommen sein wird, so wird die französische Regierung die Ostbahngesellschaft ermächtigen, sich an dem für diese Linie nötigen Baukapital zu beteiligen unter dem Vorbehalt, dass diese Linie zwei Jahre nach der Vollendung der Lötschbergbahn erstellt sein wird.»

Nordportal des Grenchenbergtunnels bei Moutier. Der Tunnel wird vollständig durch französisches Kapital finanziert. (Wikipedia)

Die Führungsmannschaft der Société Franco-Suisse de Construction ist teilweise identisch mit derjenigen der «Entreprise Générale du Loetschberg (EGL)», die in den Jahren von 1906 bis 1913 den Lötschbergtunnel und die Strecke Frutigen-Brig mit grosser Präzision und Zuverlässigkeit erbaute. Der Wunsch der BLS wie auch des damaligen Schweizerischen Post- und Eisenbahndepartementes, auch die Linie der Münster-Lengnau Bahn doppelspurig zu erstellen, konkretisiert sich nicht. Es ist erweist sich als unmöglich, die dazu erforderlichen zusätzlichen Geldmittel in der Höhe von 7 bis 8 Mio. Franken aufzubringen.[28]

Schon am 6. November 1911 können die **Bauarbeiten** beginnen. Diese gestalten sich bedeutend schwieriger als gedacht. Anfänglich erfolgt der Stollenvortrieb mit Handbohrung und später mit Maschinenbohrung. Zwischen Januar und Juni 1913 fliessen mächtige sechs Millionen Tonnen **Wasser** aus dem Innern des Grenchenbergs in den Tunnel. Die Wasserversorgung der Gemeinde Grenchen bricht zusammen. In der Folge erschüttern sogar drei überaus starke **Erdbeben** die Region. Die BLS ist für den Schaden voll haftbar und muss für die Errichtung einer neuen Wasserversorgung der Gemeinde Grenchen aufkommen. Es kommt auch zu mehreren **Streiks** der Arbeiterschaft hauptsächlich für Lohnerhöhungen sowie die Abschaffung des bei den Tunnelarbeitern verhassten Prämien- und Akkordsystems. Im September 1913 wird sogar das Militär aufgeboten. Trotzdem können die ersten Züge den Tunnel planmässig schon zwei Jahre nach dem Beginn der Bauarbeiten am **1. Oktober 1915** durchqueren. Eine bewundernswerte Leistung, zumal der Vortrieb auf der Nordseite des Tunnels an 81 Tagen und auf der Südseite sogar während 211 Tagen vollständig eingestellt war. Auch die Baukosten liegen mit 25.7 Mio. Franken rund 300'000 Franken unter dem Voranschlag.[29]

---

[28] wiki.stadtgeschichte-grenchen.ch
[29] *Kultur-Historisches Museum Grenchen [Hrsg.] (2003): **Tripoli wohnen und leben mit italienischen Tunnelbauern**, S. 38.*

Fast schwieriger ist die notwendige Verständigung mit den **Schweizerischen Bundesbahnen** SBB angesichts deren oppositioneller Haltung. Erst nach längeren Verhandlungen kann am 3. Juni 1909 ein Verkehrsteilungsvertrag unterzeichnet werden. Den Bundesbahnen wird pachtweise der Betrieb dieses vom übrigen Netz der Berner Alpenbahn vollständig losgelösten Teilstücks übertragen. Der Unterhalt der Anlagen wie auch des gesamten Tunnels wird jedoch von der BLS übernommen. Die konkrete Finanzierung des Grenchenbergtunnels (Strecke Münster-Lengnau) geschieht durch die **Übernahme von Stammaktien** im Wert von 6 Mio. Franken und **Prioritätsaktien** von 4 Mio. Franken durch die «Chemin de fer de l'Est». Neu beträgt das Aktienkapital 60.6 Mio. Franken, eingeteilt in 54'560 Stamm- und 66'640 Prioritätsaktien mit je Fr. 500.- Nennwert.

Frühe Aktie der Compagnie des Chemins de fer de l'Est, Paris 17. August 1853, welche mit 10 Mio. Franken den Bau des Grenchenbergtunnel finanziert. (Schwarz/braun)

Auf Drängen der französischen Investoren wird die für Juni 1911 geplante Ausgabe einer zweiten Anleihe in Form einer 4½%-Anleihe II. Rang von total 23 Mio. Franken, gestückelt in zwei Serien von 15 und 8 Mio. Franken, auf Dezember verschoben. Diese Anleihe geschieht am 2. Dezember 1911 durch eine **4%-Hypothekaranleihe im I. Rang von 23 Mio. Franken** auf die Linie Moutier-Lengnau. Der «Crédit Français» übernimmt einen Grossteil dieser Anleihe. Damit hat die Finanzierung der Lötschbergbahn ihren vermeintlichen Abschluss gefunden. Es scheint nun endlich erreicht worden zu sein, wofür die Initianten, der Kanton Bern und die Berner Alpenbahn seit Jahren gekämpft haben.

Berner-Alpenbahn-Gesellschaft

(Bern - Lötschberg - Simplon)

Aktiengesellschaft mit einem Kapital von Fr. 60,600,000
eingeteilt in 121,200 Aktien von je Fr. 500, wovon 66,640 Prioritätsaktien und 54,560 Stammaktien

Sitz der Gesellschaft: Bern

Ausgabe eines 4 % Anleihens I. Hypothek von Fr. 23,000,000

eingeteilt in 46,000 Obligationen von je Fr. 500

Die Ausgabe dieses Anleihens wurde von der Generalversammlung der Aktionäre vom 2. Dezember 1911 genehmigt

Diese Obligationen erbringen einen jährlichen Zins von Fr. 20

Die Zinsen sind von jeglichen, am 1. Januar 1912 bestehenden schweizerischen und französischen Steuern befreit und sind halbjährlich, je auf 1. März und 1. September, zum mittleren Sichtkurse auf die Schweiz am Verfalltage beim Gesellschaftssitz in Bern, bei den dieses Anleihen emittierenden Banken, sowie bei weitern von der Gesellschaft mit dem Zinsendienst bezeichneten Bankinstituten zahlbar.

Zweck des Anleihens. Der Gegenwert des Anleihens wird verwendet für den Bau der Linie Münster-Lengnau, Kanton Bern, sowie für die Erstellung der Doppelspur im Lötschberg-tunnel und auf den Zufahrtsrampen zu diesem Tunnel.

Die Linie Münster-Grenchen-Lengnau, welche eine Länge von 12,6 km hat, bildet die Abkürzung der Strecke Belfort-Bern durch den Jura. Dadurch wird die Distanz zwischen den beiden Städten auf 132 km (jetzige Entfernung 149 km) reduziert.

Auf diese Linie wurde durch Bundesbeschluss vom 6. Nov. 1908 eine Konzession auf 80 Jahre erteilt und diese, ebenfalls durch Bundesbeschluss vom 24. Juni 1909, auf die Berner-Alpen-bahn-Gesellschaft übertragen.

Garantie. Die auszugebenden 46,000 Obligationen werden sichergestellt durch eine im Eidg. Pfandbuch einzutragende Hypothek im ersten Range auf die Linie Münster-Grenchen-Lengnau, nebst allen ihren Zubehörden gemäss den Bestimmungen des Art. 9 des Bundesgesetzes vom 24. Juni 1874 über die Verpfändung und Zwangsliquidation der Eisenbahnen auf dem Gebiete der Schweiz. Eidgenossenschaft.

Rückzahlung. Die Rückzahlung der Obligationen erfolgt in einem Zeitraume von 50 Jahren, von 1922 an, sei es auf dem Wege der jährlichen Auslosung, welche jeweilen am 1. Juni statt-findet, sei es durch Rückkauf an der Börse. Die Gesellschaft behält sich immerhin das Recht einer vorzeitigen Rückzahlung unter Beobachtung einer sechsmonatlichen Voranzeige in je einer amtlichen Zeitung in Bern und Paris vor.

Emissionspreis Fr. 487.50 per Obligation

mit Zinsgenuß ab 15. Januar 1912

zahlbar wie folgt: { bei der Zeichnung . . . . Fr. 100.— } total Fr. 487.50
am 25. Januar 1912 den Rest von . . . . „ 387.50 }

Die Obligationen (definitive Titel) werden vom 1. März 1912 an verzinst und tragen ausserdem einen Coupon, welcher den Marchzins vom 15. Januar bis 1. März 1912 darstellt.

Bei der Zuteilung können Interimsscheine abgegeben werden, welche vor Verfall des ersten Zinscoupon gegen die definitiven Titel umzutauschen sind. Diese letztern werden, je nach Wunsch der Zeichner, auf den Namen oder den Inhaber ausgestellt, wobei aber deren Nummern mit denjenigen der Interimsscheine nicht übereinzustimmen brauchen.

Die offizielle Kotierung dieses Anleihens an den Börsen von Paris, Bern, Basel, Genf und Zürich, wo bereits die vorgängig emittierten Anleihen der Gesellschaft notiert sind, wird nachgesucht werden.

Die Zulassung der Obligationen zum französischen Abonnementsstempel ist von der kompetenten Behörde bewilligt worden.

Die Zeichnung auf vorstehendes Anleihen findet statt:

bis Montag, den 22. Januar 1912

in der Schweiz:

Bern:	Kantonalbank von Bern und ihre Filialen.	Bern:	Marcuard & Co.	Genf:	Eidg. Bank A.-G.
	Eidgenössische Bank A.-G.		Wyttenbach & Co.		Schweizerische Volksbank.
	Schweizerische Volksbank	Basel:	Schweiz. Bankverein.	Winterthur:	Bank in Winterthur.
	Spar- & Leihkasse in Bern		Basler Handelsbank.		Schweizerische Volksbank.
	Berner Handelsbank.		Schweiz. Kreditanstalt.	Zürich:	Schweiz. Kreditanstalt.
	Bank in Bern.		Eidg. Bank A.-G.		Schweiz. Bankverein.
	Depositokasse der Stadt Bern		Aktiengesellschaft von Speyr & Co.		Eidg. Bank A.-G.
	Gewerbekasse.		Schweiz. Volksbank.		Aktiengesellschaft Leu & Co.
	Eugen von Büren & Co.		Bank von Elsaß - Lothringen		Schweizerische Volksbank
	von Ernst & Co.		A. Sarasin & Co.		Bank in Winterthur.
	Armand von Ernst & Co.	Genf:	Union Financière de Genève.		Filiale.
	Fasnacht & Buser.		Schweiz. Kreditanstalt.		Basler Handelsbank.
	Grenus & Co.		Schweiz. Bankverein.		Wechselstube.
					Compt d'Esc. de Mulhouse.

woselbst ausführliche Prospekte und Zeichnungsscheine bezogen werden können.

Im Falle einer Ueberzeichnung der auszugebenden Titel erfolgt entsprechende Reduktion bei der Zuteilung.

Bern, den 27. Dezember 1911.

Berner-Alpenbahn-Gesellschaft

(Bern-Lötschberg-Simplon)

Der Präsident: **J. Hirter.**
Der Vizepräsident: **G. Kunz.**

1209, (428 Y)

Emissionsprospekt der 4%-Anleihe I. Hypothek von 23 Mio. Franken (Der Bund, 19.1.1912)

Die 4%-Obligation, I. Rang, Fr. 500.-, Bern, 2. Dezember 1911. Ausgegeben zur Finanzierung des Grenchenbergtunnels bzw. der Linie Moutier-Lengnau. (Schwarz, Braun/beige)

44

Finanznöte und weitere Anleihen-Finanzierung

Die Freude am Erreichten währt jedoch nur kurz. Schon im Jahr 1912 zeigt sich, dass das zur Verfügung stehende Kapital viel zu knapp bemessen ist. Die Gesellschaft hat sich übernommen. Unvorhergesehene Schwierigkeiten und fehlende Reserven führen zu finanziellen Engpässen. Erschwerend kommt dazu, dass die ursprünglichen Kostenschätzungen für die Gesamtstrecke viel zu optimistisch angesetzt waren. Die im Jahr 1906 veranschlagten 89 Millionen Franken sind mittlerweile auf **139 Millionen Franken** angestiegen – eine Kostensteigerung von über 50 Prozent.

Die Aussicht auf eine notwendige Kapitalerhöhung verunsichert die Anleger. Zweifel an der Rentabilität der Alpenbahn machen sich breit. An der Pariser Börse geraten die Papiere der Berner Alpenbahn-Gesellschaft unter Druck. Im Jahr 1913 fallen die Prioritätsaktien unter 400 Franken, 1914 sogar unter 300 Franken. Die Lage wird kritisch. Die Nachfinanzierung durch Ausgabe neuer Aktien – eigentlich der einzig vernünftige Weg – ist versperrt, da der Markt **keine weiteren Aktien** mehr aufnehmen kann.

Die Gesellschaft sieht sich gezwungen, ihren Finanzbedarf mittels weiterer **Anleihen** zu decken. Die im Dezember 1911 begebene Anleihe über 23 Millionen Franken erweist sich als unzureichend und muss aufgestockt werden. Man plant nun, **38 Millionen Franken** aufzunehmen, aufgeteilt in eine 4%-Anleihe von 23 Millionen im I. Rang und eine 4%-Anleihe von 15 Millionen Franken im II. Rang. Doch da wegen der finanziellen Situation das Vertrauen des Marktes in die Gesellschaft gelitten hat, sind die Konditionen dieser offerierten Anleihe nicht mehr marktgerecht. Die Anleihe muss daher vollständig von den **bestehenden Investoren** übernommen werden: Die Anleihe im I. Rang zeichnen die **französischen Investoren**; die Anleihe im II. Rang landet vollständig in den Beständen der **Berner Kantonalbank**.

Doch damit ist der Finanzierungsbedarf der Berner Alpenbahn noch lange nicht gedeckt. Im Juli 1912 plant man die Ausgabe einer zusätzlichen **4%-Hypothekar-Anleihe** über **42 Millionen Franken** im II. Rang in zwei Serien zu 26 Millionen Franken (Serie A) und 16 Millionen Franken (Serie B). Angesichts der mittlerweile weit verbreiteten Zweifel an der Zukunft der Alpenbahn und der durch den Balkankrieg ausgelösten Verunsicherung an den Finanzmärkten droht die Anleiheemission jedoch zu scheitern. Um die geplante Anleihe und vielleicht sogar die Existenz der Gesellschaft zu retten, ist der **Kanton Bern** gezwungen, die Anleihe mit einer zusätzlichen **Garantie auf die Zinszahlungen** auszustatten. Diese wird vom Berner Stimmvolk am 7. Juli 1912 mit mehr als 73 Prozent Ja-Stimmen angenommen.

Intérêt 4%   Fr. 500.—   Zins 4%

Compagnie du Chemin de fer des Alpes Bernoises · Berner-Alpenbahn-Gesellschaft
Berne-Lœtschberg-Simplon

Capital-Actions Fr. 65,600,000.   Aktien-Kapital Fr. 65,600,000.
Emprunt hypothécaire   Hypothekar-Anleihen
en IIᵐᵉ rang   im II. Rang
de — von
Francs 42,000,000 Franken
SÉRIE A   Francs 26,000,000 Franken   SERIE A
(Numéros 1 à 52,000)   (Nummern 1 bis 52,000)

OBLIGATION
№ 39927
de — von

Cinq cents francs — Fünfhundert Franken

La Compagnie du Chemin de fer des Alpes Bernoises Berne-Lœtschberg-Simplon reconnaît devoir au
porteur de la présente obligation la somme de cinq cents
francs; elle s'engage à en payer l'intérêt à raison de
4% l'an et à rembourser le capital suivant les conditions
énoncées au verso.

Berne, 10 juillet 1912.

Die Berner-Alpenbahn-Gesellschaft Bern-Lœtschberg-
Simplon anerkennt hiermit, dem Inhaber gegenwärtiger
Obligation die Summe von Fünfhundert Franken schul-
dig zu sein, mit der Verpflichtung, dieselbe zu 4% per
Jahr zu verzinsen und nach Maßgabe der umstehend
angegebenen Bedingungen zurückzuzahlen.

Bern, 10. Juli 1912.

Compagnie du Chemin de fer des Alpes Bernoises — Berner-Alpenbahn-Gesellschaft
Berne-Lœtschberg-Simplon

Au nom du Conseil d'administration   Namens des Verwaltungsrates
Un Administrateur: — Ein Mitglied: Le Président: — Der Präsident:

Par décret du 17 septembre 1912 le Grand Conseil
du Canton de Berne a accordé la garantie de l'Etat pour
l'intérêt de cet emprunt jusqu'au remboursement complet
des obligations.

Durch Dekret vom 17. September 1912 hat der
Große Rat des Kantons Bern die Staatsgarantie für die
Zinsen dieses Anleihens bis zur vollständigen Rückzahlung
der Obligationen ausgesprochen.

Le directeur des finances du Canton de Berne: — Der Finanzdirektor:

Inscrit au Registre fédéral des hypothèques de
chemins de fer, vol. III, fol. 125 et 126, suivant autorisation
du Conseil fédéral du 14 mars 1913.

Eingetragen im schweizerischen Eisenbahn-Pfandbuch
III, Fol. 125 und 126, gemäß bundesrätlicher Bewilligung
vom 14. März 1913.

Le Conservateur des hypothèques: - Der Pfandbuchführer:

Typ. Rösch & Schatzmann, Bern

Zug der Lötschbergbahn bei der Station Blausee-Mittholz (BLS).

Sogar mit dieser kantonalen Zinsengarantie kommt die Ausgabe der Anleihe nur knapp zustande. Wie notwendig diese Garantie ist, wird sich bald zeigen, als im Jahr 1915 die Gesellschaft den Zinsendienst auf alle ihre Obligationen einstellen muss. Zeichner sind wieder fast ausschliesslich die schon bestehenden Investoren. Sie übernehmen die Anleihe zum Kurs von 95 Prozent. Nach Ausgabe dieser Anleihen hat nicht nur der Anteil des Obligationskapitals an der Gesellschaft mit 79 Millionen Franken ein ungesundes Ausmass erhalten. Auch die Abhängigkeit von ausländischem Kapital hat sich weiter erhöht. Der schon bei Gründung des Unternehmens im Jahr 1906 mit 44 Prozent hohe Anteil der **französischen Geldgeber** am Kapital der Gesellschaft ist nochmals stark angestiegen. Ende des Jahres 1912 liegt dieser bei rund **60 Prozent**. Die beiden französischen Banken **Crédit Français** und **Société Central**, bzw. deren Kunden, haben nun Wertpapiere der Berner Alpenbahn im Wert von 74 Millionen Franken in ihrem Portfolio angehäuft (Prioritätsaktien 21 Mio. und Obligationen 53 Mio. Franken). Auch die Kantonalbank von Bern muss 20 Millionen Franken der Anleihe zeichnen. Die übermässigen Bestände an Papieren der Berner Alpenbahn in ihren Büchern bereiten der Staatsbank zunehmend Sorgen.

Links:** Berner-Alpenbahn-Gesellschaft Bern-Lœtschberg-Simplon, 4%-Obligation, II. Rang, Serie A, Fr. 500.-, Bern, 10. Juli 1912, roter französischer Steuerstempel, 42 Millionen Hypothekar-Anleihe auf die Strecke Frutigen-Brig mit Staatsgarantie des Kanton Berns. (Schwarz/blau) Man beachte dazu den zusätzlichen Text unter den Unterschriften der zwei Verwaltungsräte: «**Durch Dekret vom 17. Dezember 1912 hat der Grosse Rat des Kantons Bern die Staatsgarantie für die Zinsen dieses Anleihens bis zur vollständigen Rückzahlung der Obligationen ausgesprochen.**» mit der **Druckunterschrift des Finanzdirektors Karl Könitzer.

Inbetriebnahme der Gesamtstrecke

Bedeutend erfreulicher sind die Nachrichten vom Streckenbau. Nachdem die imposanten Zufahrtsrampen auf beiden Seiten des Lötschbergs mit ihren kühnen Bauwerken von 33 Tunneln, 3 Lawinenschutzgalerien und 22 Brücken vollendet sind, kann die Lötschbergbahn am 28. Juni 1913 feierlich dem Betrieb übergeben werden. «Berns langer Weg in den Süden»[30] ist gebaut. Im Verbund mit der schon erstellten Simplon Linie bildet sie nun, neben dem Gotthard, die **zweite, vollständige Eisenbahn-Transitachse durch die Schweiz.**

Als grosse technische Errungenschaft der Lötschbergbahn gilt der **elektrische Antrieb auf der gesamten Strecke.** Die Wechselstrom-Technologie mit 15'000 Volt und 16 2/3 Herz ist ein Pionierwerk. Die steilen Lötschberg-Rampen mit einer Neigung von bis zu 27 Promille verlangen zudem nach besonders kräftigen und trotzdem leichten Lokomotiven mit raschlaufenden Motoren und Zahnradübersetzung. Diese werden speziell für die Alpenbahn entwickelt. Das Resultat ist die von der Maschinenfabrik Oerlikon zusammen mit Brown, Boveri & Cie. und der Schweizerischen Lokomotivfabrik Winterthur gebaute legendäre Fb 5/7 (später Be 5/7), die zur Zeit der Ablieferung stärkste Lokomotive.[31]

Elektrische Lokomotive Fb 5/7 der BLS, gebaut von der Maschinenfabrik Oerlikon und der Schweiz. Lokomotivfabrik Winterthur (Schweizerische Bauzeitung, 10. Januar 1914, Bd. LXIII Nr. 2).

---

[30] blog.nationalmuseum.ch/2017/04/berns-langer-weg-in-den-sueden/ mit tollem Video «Fahrt anno 1913 mit der Lötschbergbahn (bls).

[31] Die Fb 5/7 waren 13 elektrische Lokomotiven der Berner Alpenbahn-Gesellschaft Bern–Lötschberg–Simplon (BLS), die 1913 von SLM, MFO und BBC entwickelt und gebaut wurden. Die erste Lokomotive wurde am 10. April 1913 in Spiez abgeliefert, weitere Lokomotiven folgten, so dass am 15. Juli 1913 bei der Eröffnung der Strecke durch den Lötschbergtunnel zwölf Lokomotiven zur Verfügung standen. Bis zur Ablieferung der stärkeren Ae 6/8 im Jahre 1926 waren die Be 5/7 die einzigen auf der Bergstrecke eingesetzten Lokomotiven. Mit der kurz darauf beschlossenen Einführung der neuen Bezeichnungen für elektrische Lokomotiven wurde die Bezeichnung in Be 5/7 geändert.

Die Thunerseebahn

Nachdem die Stammlinie der Lötschbergbahn vollendet ist, sollen gemäss dem Wunsch der Berner Regierung auch die Zubringer, deren Linien von Bern bis Neuenburg reichen, als eine grosse Betriebsgemeinschaft von Privatbahnen mit gemeinsamer Verwaltung organisiert werden.

Besonders naheliegend ist eine Vereinigung der Berner Alpenbahn mit der Thunerseebahn (Thun/Scherzligen–Interlaken–Bönigen). Letztere betreibt seit 1893 die Bahnlinie von Thun über Spiez nach Interlaken.[32] Seit der Übernahme der Spiez-Frutigen-Bahn durch die Berner Alpenbahn-Gesellschaft führt sie in deren Auftrag auch den Bahnbetrieb auf dieser Strecke durch. Vorausschauend hat der Kanton Bern im Laufe mehrerer Jahre über zwei Drittel aller Aktien der Thunerseebahn aufgekauft und damit das absolute Stimmenmehr erhalten. Der vom Kanton Bern gewünschten Fusion mit der Berner Alpenbahn steht damit nichts mehr im Wege. **Am 1. Januar 1913 fusioniert die Berner Alpenbahn mit der Thunerseebahn.**

Damit übernimmt die Berner Alpenbahn-Gesellschaft auch die im Jahr 1912 mit der Thunerseebahn fusionierte **Vereinigte Dampfschifffahrtsgesellschaft des Thuner- und Brienzersees**, sowie die **Spiezer Verbindungsbahn** vom Bahnhof Spiez bis zum Spiezer Schiffsanleger.

Die Übernahme der Thunerseebahn erfolgt durch **Aktientausch**. Das Umtauschverhältnis beträgt **6 Aktien der Thunersee Bahn gegen 5 Prioritätsaktien der BLS**. Das **Aktienkapital** der Berner Alpenbahn Gesellschaft wird um 10'000 neue **Prioritätsaktien** bzw. um 5 Mio. Franken erhöht. Somit beläuft sich dieses neu auf **65.6 Mio. Franken**, eingeteilt in 54'560 Stammaktien und 76'640 Prioritätsaktien. Zusätzlich übernimmt die Berner Alpenbahn auch die beiden ausstehenden Anleihen der Thunerseebahn, die erste Anleihe von einer Million Franken vom 1. Oktober 1891 und die zweite vom 1. April 1893 von 350'000 Franken.

---

[32] Im Detail ist die Geschichte der Thunerseebahn komplexer: Im Jahr 1890 erhält die Thunerseebahn eine Konzession für eine Bahnlinie von Scherzligen bei Thun über Spiez nach Därligen. Diese Strecke verbindet als Ersatz für die zuvor verkehrende Eisenbahnfähre den Endpunkt der Centralbahn in Thun mit dem Startpunkt der Bödelibahn nach Interlaken. Letztere ist bereits 1872 eröffnet worden, allerdings zunächst im Inselbetrieb. 1893 nimmt die Gesellschaft ihren Betrieb auf und pachtet auch gleich die Fortsetzung von Därligen nach Interlaken Ost von der Bödelibahn. Per 1. Januar 1900 übernimmt sie die Bödelibahn vollständig. Nun werden die Züge nach Bönigen auch von der Thunerseebahn geführt. Unter ihrer Betriebsführung steht darauf auch die am 25. Juli 1901 eröffnete Spiez-Frutigen-Bahn, die erste Etappe der Lötschberglinie. (Wikipedia).

Vereinigte Dampfschifffahrtsgesellschaft des Thuner- und Brienzersees

Hotel Bellevue in Hofstetten. Angelegt ein Dampfschiff der Vereinigten Dampfschifffahrtsgesellschaft Thuner- und Brienzersee. Vorne ein traditioneller Weidling (1870 G. Roux).

In der ersten Hälfte des 19. Jahrhunderts existiert noch keine durchgehende Strassenverbindung ins Berner Oberland. Die Schifffahrt, meist mit Weidlingen, ist daher das Bindeglied zum Rest der Welt. Im Jahr 1842 gründen die Gebrüder Knechtenhofer, die das Hotel Bellevue am rechten Aareufer in Hofstetten (Thun) betreiben, zusammen mit anderen Thuner Geschäftsleuten, die **Vereinigte Dampfschifffahrtsgesellschaft Thuner- und Brienzersee** (VDG). Deren Aktienkapital ist auf **140'000 alte Schweizerfranken** (207'142.84 Franken in heutiger Währung) angesetzt. Im Winter 1842/43 wird das von den Gebrüdern Knechtenhofer schon seit 1835 betriebene Dampfschiff «Bellevue», fortan «Faulhorn» genannt, auf den Brienzersee deplatziert. Am 3. Juni findet der Stapellauf des neuen für den Thunersee bestimmten Bootes «Niesen» statt und am 28. Juni 1843 eröffnet die neue Gesellschaft auf beiden Seen gleichzeitig ihren Betrieb.

Im Jahr 1869 wird in Interlaken eine neue Gesellschaft, die Oberländische Dampfschifffahrtsgesellschaft für die Schifffahrt auf dem Brienzersee gegründet. Doch noch bevor diese den Betrieb aufnimmt, wird sie von der Vereinigte Dampfschifffahrtsgesellschaft Thuner- und Brienzersee übernommen. Im Jahr 1890 lässt die VDG den noch heute befahrenen 2,75 km langen **Schiffskanal** erstellen, welcher den Thunersee mit dem Bahnhof Interlaken West verbindet. Die Eröffnung der **Thunerseebahn** verursacht der VDG beträchtliche Einnahmenverluste, welche jedoch teilweise durch den Aufschwung des Fremdenverkehrs ausgeglichen werden. Nach langen Verhandlungen kommt 1912 die Fusion der VDG mit der Thunerseebahn zustande.

Rechts: Prachtvolle Aktie der «Vereinigten Dampfschiffahrts-Gesellschaft des Thuner- und Brienzersee's», Aktie Fr. 500.-, Thun, 1. Juli 1843, ausgestellt auf den Gründer Johannes Knechtenhofer und rückseitig von ihm unterschrieben. (Schwarz/weiss) Oben Ansicht von Spiezwiler und unten Ansicht der Stadt Thun. Entworfen von Carl Durheim (1810-1890), einem der besten Lithographen und ersten Fotografen der Stadt Bern.

No. 264
L. 500. V. Thlr. abz. 35
AKTIE
der vereinigten
DAMPFSCHIFFAHRTS=GESELLSCHAFT
des Thuner & Brienzersee's
von Schweizer-Franken FÜNFHUNDERT, V. Thlr. à btz. 35.
No. zweihundert vier und sechszig —
Die vereinigte Dampfschiffahrts-Gesellschaft des Thuner- und Brienzersee's,
erklärt hiemit daß Herr Johannes Knechtenhofer, Oberstlieut. von Thun — in Folge der geleisteten statutenmäßigen Einlage von Schweizerfranken Fünfhundert für welche hiemit unter Annullirung der für geleistete Theilzahlungen ausgestellten Scheine, quittiert wird, Eigenthümer der Aktie No. 264 geworden ist, und dessen an allen Rechten und Verbindlichkeiten Theil zu nehmen hat, welche den Aktionärs dieser Gesellschaft vermöge ihrer genehmigten Statuten vom 7ten December 1842, zustehen und zustehen werden.
Thun, den 1ten Julio 1843.
Der Verwalter:
E. Peuscher, Major.
Das Comité:
Namens desselben:
der Präsident:
Ittel: von Darstetten
der Aktuar:
Fr. Mohr.
N.B. Die Aktien lauten auf den Eigenthümer und sind nicht theilbar, wohl aber verkäuflich durch Uebertrag auf dem Aktien-Register. Personalveränderungen von Aktionärs die nicht im Aktien-Register eingetragen sind, werden von der Gesellschaft nicht anerkannt, und sind für dieselben nicht verbindlich.

Spiezer Verbindungsbahn

Als 1893 Spiez mit der normalspurigen Thunerseebahn und 1897 mit der Spiez-Erlenbach-Bahn erschlossen wird, taucht die Idee auf, von der Schiffanlegestelle zum 70 Meter höher gelegenen Bahnhof eine 1,3 Kilometer lange Schienenverbindung zu erstellen. Der Spiezer Ingenieur **Rudolf von Erlach**[33] reicht 1899 ein Gesuch zur Erteilung einer Konzession zum Bau und Betrieb einer schmalspurigen Trambahn ein. 1900 erteilte die Bundesversammlung diese Konzession. Der Kanton Bern bewilligt die Benützung der Staatsstrasse.

Es sind **Anlagekosten von 90'000 Franken** vorgesehen, welche mit Aktien finanziert werden. Bei den erwarteten 30'000 Passagieren sind Betriebsausgaben von Fr. 6'000.- und Betriebseinnahmen von 9'500.- Franken geplant. Neben verschiedenen Privatpersonen aus Spiez beteiligten sich die **Dampfschiffgesellschaft Thuner- und Brienzersee**, die **Spiez-Frutigen-Bahn**, die **Erlenbach-Zweisimmen-Bahn**, die **Beatenbergbahn** und sogar die **Montreux-Oberland-Bernois-Bahn** in ausschlaggebender Weise an der Gesellschaft. Diese kann am 19. November 1904 mit einem **Aktienkapital von 185'000 Franken** gegründet werden.[34] Es werden keine Obligationen ausgegeben. Der Initiant der Bahn, Rudolf von Erlach, übernimmt das Präsidium des Verwaltungsrates.

Nach nur acht Wochen Bauzeit kann am 2. August 1905 die überwiegend einspurige Strecke eröffnet werden. Von Beginn an ist die Leitung der Bahn gemäss einem Betriebsvertrag bei der Dampfschiffgesellschaft Thuner- und Brienzersee. Die mit 8,7 Prozent Maximalsteigung relativ steile Strecke ist eingleisig, in Meterspur angelegt und folgt auf Rillenschienen der Strasse. Die Gesellschaft besitzt vier von der «Elektrogesellschaft Alioth-Rastatt» aus Münchenstein gelieferte und mit 550 Volt Gleichstrom angetriebene **Motorwagen**. In der Regel verkehren täglich zwischen 34 und 41 Kurspaare, die auf die Fahrzeiten der Schiffe und der Eisenbahn abgestimmt sind. Im ersten Weltkrieg geht das Fahrgastaufkommen empfindlich zurück. Der entgegen der Planung nun meist **defizitäre Betrieb** kann nur durch Subventionen vom Verkehrsverein Spiez und teilweise auch von der Niesen- und der Beatenbergbahn aufrechterhalten werden. 1960 wird die Konzession für den Busbetrieb auf die Genossenschaft Automobilverkehr Spiez-Krattigen-Aeschi übertragen. Im selben Jahr erfolgt die Liquidation der Spiezer Verbindungsbahn-Gesellschaft.

---

[33] *15.11.1860 in Bern, †25.10.1925 in Bern, dipl. Bauingenieur am Eidg. Polytechnikum in Zürich, darauf leitender Oberingenieur beim Bau zahlreicher Eisenbahnstrecken (u.a. Lötschberg-Nordrampe). Freisinniger Gemeinderat in Spiez, 1902 Berner Grossrat, 1912-23 Regierungsrat und Übertritt zur BGB, Vorsteher der Baudirektion. Barbara Braun-Bucher: "Erlach, Franz Rudolf von", in: Historisches Lexikon der Schweiz (HLS), Version vom 15.08.2003.

[34] Am 21. September 1906 beschliesst die Generalversammlung das Kapital um 180 Prioritätsaktien mit Nominalwert von Fr. 500.- zu erhöhen. Diese haben Anrecht auf eine 5% kumulative Vorzugsdividende. Diese Erhöhung wird von der Dampfschiffgesellschaft Thuner- und Brienzersee zu 85 Prozent des Nominalwertes vollumfänglich übernommen.

Spiezer Verbindungsbahn, Aktie Fr. 500.-, Spiez, 1. August 1905. Mit fotographischer Abbildung der Stadt und Schloss Spiez. (Schwarz, Rot /beige) Mit Unterschrift von Rudolf von Erlach als Präsident des Verwaltungsrates.

Betriebsgemeinschaft - «Die Dekretsbahnen»

Die Verschmelzung der Berner Alpenbahn mit der Thunerseebahn zeitigt noch eine weitere nachhaltige Wirkung. Mit der Fusion übernimmt die Alpenbahn Gesellschaft auch das **Betriebsgemeinschaftsverhältnis** der Thunerseebahn mit der Gürbetal- und der Bern-Schwarzenburg-Bahn sowie eine Personalunion in der Verwaltung mit der Bern-Neuenburg-Bahn. Die genaue und offizielle Bezeichnung der Betriebsgemeinschaft lautet daher auch «BLS/BN und mitbetriebene Bahnen». Die Bahnen haben eine betriebliche Zusammenarbeit zur Koordinierung und Rationalisierung der Produktionsvorgänge und Unterhaltsarbeiten, nicht aber die Verschmelzung zum Ziel. Die einzelnen Bahnen bleiben finanziell und **rechtlich selbständige Gesellschaften** und behalten auch ihre eigenen Organe.[35]

BLS Ce 4/6 - Lokomotive für die bernischen Dekretsbahnen - SLM Werksfoto (SBB Historic)

Die Berner Alpenbahn wird zur **betriebsführenden Gesellschaft** in Verwaltung und Betrieb der folgenden Zubringerbahnen: **Bern–Neuenburg-Bahn, Gürbetal–Bern–Schwarzenburg-Bahn** und **Spiez–Erlenbach–Zweisimmen-Bahn**. Damit ist die Berner Alpenbahn faktisch zu einer grossen und weit verzeigten Bernischen Eisenbahngemeinschaft gewachsen, welche von Neuenburg bis nach Brig reicht. Alle Bahnen sind im Mehrheitsbesitz des Kantons Bern. Dieser entscheidet nach dem Ersten Weltkrieg in der damaligen grossen Kohlennot per Regierungsdekret, die Bahnen seien zu **elektrifizieren** und bestellt gleichzeitig bei der Schweizerische Lokomotiv- und Maschinenfabrik die notwendigen 17 Ce 4/6 Lokomotiven. Diese Bahnen werden nun «Dekretsbahnen» genannt. Die entsprechenden Lokomotiven erhalten im Volksmund bald den Übernamen «Dekretsmühlen».

---

[35] Die Bahnen fusionieren 1997 mit der BLS zur «BLS Lötschbergbahn AG». Siehe Seite 66f.

Veränderte Lage nach dem Ersten Weltkrieg

Schon kurz nach ihrer Eröffnung wird die Bahn mit einer weiteren grossen Herausforderung konfrontiert. Am Horizont kündigt sich bereits der Erste Weltkrieg mit all seinen schwerwiegenden Folgen an. Der Güterverkehr der Bahn nimmt zwar zu, **der profitable internationale Transitverkehr jedoch bricht völlig ein.**

Nach Kriegsende hat sich die **strategische Lage drastisch verändert.** Nach dem Versailler Abkommen von 1919 geht Elsass-Lothringen wieder zurück an Frankreich. Damit verliert der Grenzübergang Delle nach Boncourt für Frankreich stark an Bedeutung, da es seinen Transitverkehr nach Italien einfacher über St-Louis / Basel und den Gotthard abwickeln kann. Dieser Verkehrsausfall wird jedoch durch den **wachsenden Güteraustausch** zwischen Deutschland und Italien kompensiert, von dem nun ein guter Teil über die BLS-Strecke abgewickelt werden kann. Auch der **nationale Verkehr** nach und vom Wallis nimmt grossen Aufschwung. Der Betrieb der Bahn für sich alleine wirft sogar einen Gewinn ab. Am politischen und wirtschaftlichen Wert der neuen Berner Alpentransversale zweifelt niemand mehr.

Am finanziellen Abgrund

Auf der Finanzseite sieht jedoch die Lage äusserst unangenehm aus. Neben den Auswirkungen des I. Weltkrieges sind es die **massiven Baukostenüberschreitungen** und die **grosse Verschuldung**, vor allem in Form von Anleihen, welche der Gesellschaft finanziell stark zusetzen. Die Kapitalkosten übersteigen die operative Ertragsfähigkeit der Bahn. Die finanziellen Auswirkungen des I. Weltkrieges zwingen die BLS schliesslich am 1. März 1915, den **Zinsendienst auf alle ausstehenden Obligationen einzustellen.** Lediglich die Hypothekenanleihe vom 10. Juli 1912 Serie A und B auf die Linie Frutigen–Brig von 42 Mio. Franken wird dank der Zinsgarantie des Kantons Bern weiterhin bedient.

Die Einstellung des Zinsendienstes könnte von den Obligationären mit betreibungsrechtlichen Schritten angefochten werden. Darum erhält die notleidende BLS vom Bund eine **auf Notgesetz basierende Verlängerung der Stundungspflicht** bis 1920. Diese schafft auch die rechtlich notwendige Grundlage zur notwendigen Sanierung der Bahn. Trotzdem wird diese schwierig. An weitere finanzielle Beteiligungen durch den Staat Bern, Berner Gemeinden und auch durch private Geldgeber ist bei der aktuellen politischen und wirtschaftlichen Lage nicht zu denken. Es droht das finanzielle Ende der Gesellschaft.

Ein grosser Coup - der Obligationenrückkauf

Der von dieser katastrophalen Finanzlage geplagte Verwaltungsrat mit dem Präsidenten Daniel Hirter entwickelt nun einen kühnen Plan, der die Gesellschaft aus ihrer finanziellen Notlage retten soll. Die **französische Währung** ist nach den Opfern des Weltkrieges auf einem Tiefststand gegenüber dem Schweizer Franken. Dies erweist sich für die Gesellschaft als wahrer Glücksfall. Der Verwaltungsrat möchte diese einmalige Gelegenheit nicht verpassen und entwirft den Plan, die in französischen Händen befindlichen Obligationen der Gesellschaft mit einem Nominalwert von rund 44'500'00 Franken **zu pari** aber **in französischen Franken** und unter Verzicht der Obligationäre auf die ausstehenden fünf Jahreszinse zurückzukaufen. Beim damaligen Kurs des französischen Frankens bedeutet dieser Ankauf zu pari einen Ankaufskurs der Obligationen von 41 Prozent bzw. einen Betrag von 18.2 Mio. Schweizer Franken. Dieser vom Verwaltungsrat erhoffte Obligationenkauf würde somit die Bilanz der Berner-Alpenbahn-Gesellschaft auf einen Schlag um mehr als 26 Mio. Franken entlasten. Zusätzlich könnte damit auch die übergross gewordene Abhängigkeit der Bahn vom französischen Kapital und Einfluss reduziert werden.

Für die Finanzierung und Durchführung kontaktiert der Verwaltungsrat die **Berner Kantonalbank**, bzw. den auch im Verwaltungsrat der BLS vertretenen Bankdirektor Fridolin Mauderli (1847-1921). Die

Bundesrat Robert Haab im Jahr 1926 (Wikipedia)

Bank erklärt sich zwar prinzipiell bereit, die Transaktion durchzuführen und als Käufer der Obligationen aufzutreten. Sie kommt jedoch auch zum Schluss, dass die Grösse der vorgeschlagenen Transaktion ihre eigenen Mittel übersteigt und sie nicht in der Lage ist, diesen Obligationenrückkauf alleine durchzuführen.[36] Sicherlich ein vernünftiger Entscheid der Bank, die schon jetzt grosse Aktien- und Obligationenpakete der Berner Alpenbahn in ihren Büchern angehäuft hat.

So gelangt am 10. März 1920 der Verwaltungsrat der BLS an den Vorsteher des Post- und Eisenbahndepartementes, **Bundesrat Robert Haab**[37], und ersucht diesen um Mithilfe der Eidgenossenschaft in der Durchführung des angestrebten Obligationenrückkaufs. Als ehemaliges, langjähriges Mitglied der Generaldirektion der Schweizerischen Bundesbahnen und Direktor der Schweizerischen Südostbahn hat dieser natürlich sofort ein offenes Ohr für das Anliegen der Berner-Alpenbahn. Er zögert nicht lange und unterbreitet schon am 23. März 1920 in einer geheimen Sitzung des Bundesrates[38] unter der Leitung von Bundespräsident Motta den Antrag zum «***Rückkauf der in französischem Besitz befindlichen Obligationen der Berner-Alpenbahn-Gesellschaft***».

---

[36] Bundesratsbeschluss vom 23. März 1920, Geheimprotokoll: Rückkauf der Obligationen für die Lötschbergbahn: «Die [BLS]Bahngesellschaft glaubt, das Geschäft liesse sich zu folgenden Bedingungen vollziehen: Kaufpreis der Obligationen zu pari aber in französischen Franken unter Verzicht der Obligationäre auf die ausstehenden fünf Jahreszinse. [In Schweizer Franken gerechnet, bedeutet dies ein Ankaufskurs zu 41 Prozent. Dies würde … einen Aufwand von 18'245'000 Schweizer Franken erheischen. Die Gesellschaft nimmt dabei in Aussicht, dass die Kantonalbank von Bern als Käufer aufzutreten hätte, diese aber, da sie nicht über genügende Mittel verfügt, von Seiten des Bundes in irgendeiner Form unterstützt werden müsste.»

[37] Der in Wädenswil geborene Bundesrat Robert Haab (1865-1939) studiert Rechtswissenschaft an den Universitäten Zürich, Strassburg, Leipzig und Jena. 1889 eröffnet er sein eigenes Advokaturbüro in Wädenswil. Nach zehnjähriger beruflicher Tätigkeit als selbständiger Rechtsanwalt wird Haab 1899 bis 1908 **Richter am Obergericht des Kantons** Zürich. 1894 wird er parallel dazu als Kandidat der FDP in den Kantonsrat des Kantons Zürich gewählt. Diesem gehört er bis 1902 und von 1906 bis 1908 an. Das Zürcher Volk wählt ihn 1908 in den **Regierungsrat**. Hier leitet er zunächst die Justiz-, Polizei- und Militärdirektion, danach die Baudirektion. Gleichzeitig ist er 17 Jahre lang Mitglied der Direktion der **Schweizerischen Südostbahn**. 1912 tritt Haab als Regierungsrat zurück und arbeitet bis 1917 als Mitglied der **Generaldirektion der Schweizerischen Bundesbahnen**. Im Jahr 1917 ist er vorübergehend Schweizer Gesandter in Deutschland. Ohne je Mitglied des National- oder Ständerates gewesen zu sein, wird er 1919 in den **Bundesrat** gewählt. Bis 1929 steht er dem Post- und Eisenbahndepartement vor. Hier nimmt er eine tiefgreifende Reorganisation der SBB in Angriff, welche 1926 abgeschlossen werden kann. Vor allem setzt er auch konsequent die beschlossene **Elektrifizierung des SBB-Streckennetzes** um. 1928 ist bereits mehr als die Hälfte des Netzes elektrisch. Unter seiner Leitung entwickeln sich die **Post-, Telefon- und Telegrafenbetriebe** (PTT) zu einem staatlichen Musterbetrieb. Diese übermitteln ab 1923 auch die ersten Radiosendungen der Schweiz. 1929 tritt er aus gesundheitlichen Gründen zurück. Nach seinem Rücktritt widmet er sich gemeinnützigen und kulturellen Anliegen. Er ist auch Mitglied verschiedener Verwaltungsräte, darunter des **Schweizerischen Bankvereins** und der **Firma Maggi**. Auf Ersuchen des Bundesrates übernimmt er 1934 das Verwaltungsratspräsidium der **Schweizerischen Volksbank**. Am 15. Oktober 1939 stirbt er im Alter von 74 Jahren.

[38] Bundesarchiv E1005#1000/17#7*. Protokollführer ist übrigens **Bundeskanzler Adolf von Steiger**, der in seiner früheren Funktion als Stadtpräsident von Bern ebenfalls im Verwaltungsrat der Berner-Alpenbahn-Gesellschaft vertreten war und auch Aktien unterzeichnet hat (siehe dazu Teil 2).

G e h e i m .
Dienstag, 23. März 1920.

Rückkauf der in französischem
Besitz befindlichen Obligationen
der Berner-Alpenbahn-Gesellschaft
(Bern-Lötschberg-Simplon).

Post- & Eisenbahndepartement. Antrag vom 18. März 1920.

Mit Eingabe vom 10. März 1920 an das Post- & Eisenbahndepartement regte die Berner Alpenbahn-Gesellschaft (B.-L.-S.) an, den
gegenwärtigen Tiefstand der französischen Valuta zu benützen, um
die in französischen Händen befindlichen Obligationen der B.L.S.
im Gesamtbetrage von rund Fr. 44,5 Millionen zurückzukaufen und
ersuchte um die Hilfe des Bundes zur Durchführung dieser Operation,
welche geeignet wäre, die finanzielle Sanierung des notleidenden
Unternehmens zu erleichtern und es von dem starken französischen
Einfluss zu befreien. Die Bahngesellschaft glaubt, das Geschäft
liesse sich zu folgenden Bedingungen vollziehen: Kaufpreis der
Obligationen zu pari aber in französischen Franken unter Verzicht
der Obligationäre auf die ausstehenden fünf Jahreszinse. Zum **Kurs**
von 41 gerechnet, würde dies einen Aufwand von 18,245,000 Schweizer
Franken erheischen. Die Gesellschaft nimmt dabei in Aussicht, **dass**
die Kantonalbank von Bern als Käufer aufzutreten
hätte, die aber, da sie nicht über genügende Mittel verfügt, von
Seiten des Bundes in irgend einer Form unterstützt werden müsste.

In seinem das Für und Wider sowie die verschiedenen Modalitäten
der Durchführung des Geschäfts erwägenden Bericht vom 18. März 1920
kommt das Post- & Eisenbahndepartement zu dem Schlusse, die vorge-
nannten Obligationen seien direkt durch den Bund anzukaufen.

Aus der Beratung ergibt sich Uebereinstimmung darüber, **dass**
der Rückkauf der Obligationen nicht nur von geschäftlichen, **sondern**
auch von politischen Gesichtspunkten aus geboten erscheine. **Obgleich**

Erste Seite des Geheimprotokoll der Bundesratssitzung vom 23. März 1920.

In den Beratungen sind sich die Bundesräte einig, dass der «*Rückkauf der Obligationen nicht nur von geschäftlichen, sondern auch von politischen Gesichtspunkten aus geboten erscheine. Obgleich dieses Geschäft die dereinstige Entscheidung der Frage des Rückkaufes der B.-L.-S. durch den Bund bis zu einem gewissen Grade beeinflussen wird, herrscht auch darin Übereinstimmung, dass der Bund das Geschäft machen solle.*»[39] Der Bundesrat schliesst sich somit dem Plan des Verwaltungsrates der Berner-Alpenbahn-Gesellschaft an. Die einzige Differenz liegt darin, dass nicht die Berner Kantonalbank die Transaktion durchführen soll, sondern die **Eidgenossenschaft** selbst. Ein Entscheid, der für die Berner Kantonalbank wohl eher eine Erleichterung darstellt.

Schliesslich entscheidet der Bundesrat, dass: «*die in französischem Besitz befindlichen Obligationen der Berner Alpenbahn-Gesellschaft (B.-L.-S.) im Betrage von rund Franken 44,500,000 durch den Bund anzukaufen sind. Mit der Durchführung dieses Beschlusses wird das eidg. Finanzdepartement beauftragt. Die nach Paris zu entsendenden Delegierten sind dahin zu instruieren, dass sie versuchen sollen, die Obligationen au mieux zu erwerben, nicht aber einen höheren als den Pari-Kurs der Obligationen in französischen Franken anzubieten. Das Finanzdepartement und das Post- und Eisenbahndepartement werden sich über die Entsendung eines Delegierten des Bundes zu den Verhandlungen in Paris verständigen.*»[40]

Die von der Gesellschaft und der Eidgenossenschaft nach Paris entsandten Delegierten kommen bald mit guten Nachrichten zurück: Der französische Staat und die französischen Aktionäre, welche selber stark unter den Auswirkungen des Weltkriegs leiden, sind nur zu gerne bereit, ihre Positionen an der Gesellschaft abzustossen, zumal die Strecke der Berner-Alpenbahn nach dem Versailler Vertrag mit dem Rückerhalt des Elsasses für Frankreich ihre strategische Wichtigkeit verloren hat. Die Obligationen werden der Eidgenossenschaft für **rund 51 Prozent** bzw. den **Gesamtbetrag von 23.6 Mio. Franken** angedient.

So übernimmt am 20. April 1920 der Bund von den zwei französischen Bankinstituten Obligationen mit einem **nominalen Wert von 45.8 Mio. Franken**. Den aus der Rückkaufsaktion effektiv resultierenden **Buchgewinn von 22.2 Mio. Franken**, kann die BLS zur **Bilanzbereinigung** einsetzen. Die Gesellschaft verpflichtet sich, diese von der Eidgenossenschaft übernommenen Obligationen zu 5 Prozent zu verzinsen. Auch der Kanton Bern erhält für seine Forderungen aus der geleisteten Zinsgarantie zurückgekaufte Obligationen. Diese werden weiterhin zu 4 Prozent verzinst.

---

[39] Bundesratsbeschluss vom 23. März 1920, Geheimprotokoll, Seite 2.
[40] Bundesratsbeschluss vom 23. März 1920, Geheimprotokoll, Seite 2-3.

Erste Sanierung 1923

Auch nach dem Obligationenrückkauf bleibt die finanzielle Situation der Berner-Alpen-bahn-Gesellschaft kritisch. Zwar steigen die Einnahmen der Bahn im Jahre 1921 auf gut 12.6 Mio. Franken. Bis zum 31. Dezember 1922 hat sich jedoch in der Bilanz des Unternehmens ein gewaltiger Passivsaldo **von 28'478'739 Franken** angehäuft. Es droht weiterhin der Konkurs. Glücklicherweise kommt im Jahr 1923 ein **Nachlassvertrag** zustande. Darin macht die Gesellschaft den Aktionären und Obligationären u.a. folgende Sanierungsvorschläge:

Aktionäre:

Das **Prioritätskapital** wird um **20 Prozent** von 38'320'000 Franken auf 30'656'000 Franken abgeschrieben. Dies geschieht durch Reduktion des Nominalwertes (Abstempelung) jeder Prioritätsaktie von **500 auf 400 Franken**. Zusätzlich wird dieses Prioritätskapital in den zweiten Rang versetzt. Noch gravierender ist der Schnitt beim **Stammkapital**. Die Reduktion erfolgt gar um **50 Prozent** von 27'280'000 Franken auf 13'940'000 Franken, indem der Nominalwert der **Stammaktien** von **500 auf 250 Franken** herabgesetzt (abgestempelt) wird. Die Stimmkraft beider Titel bleibt unverändert.

Das Aktienkapital wird durch Ausgabe von **neuen Inhaber Prioritätsaktien I. Rang** zu Fr. 500.-, sowie allfälligen Genussscheinen um maximal 20 Millionen Franken erhöht.

Obligationäre:

Die gemäss den Amortisationsplänen schon ausgelosten Obligationen werden bis zum zweiten Zinstermin des Jahres 1932 gestundet. Als Kompensation wird ihr Zinsfuss auf 5 Prozent erhöht. Die weitere planmässige Auslosung von Obligationen wird unterbrochen und um 10 Jahre hinausgeschoben.[41] Während der folgenden 5 Jahre, d.h. bis 1927, werden die Obligationen mit einem **variablen Zinsfuss** bedient, der vom Betriebsergebnis abhängt.

Zur Kompensation von ausstehenden Zinszahlungen erhalten die Obligationäre für je fünf Obligationen eine **Prioritätsaktie I. Rang von Fr. 500.-**. Für Positionen von weniger als fünf Obligationen wird pro Obligation ein **Genussschein** ausgegeben. Diese Massnahmen erhöhen das Prioritätskapital um ca. 20 Mio. Franken.

---

[41] Damit werden die letzten Obligationen erst 1981 zurückbezahlt. Erstaunlicherweise wird durch diese Regelung die eigentlich nur bis 1971 beschränkte Konzession der Gesellschaft übersehen oder zumindest die über dieses Jahr hinausgehende Existenz der Gesellschaft als garantiert angesehen.

Berner Alpenbahn-Gesellschaft Bern-Lötschberg-Simplon

(gegründet den 27. Juli 1906)

Aktienkapital Fr. 59,783,500.—

eingeteilt in Fr. 13,640,000 Stammaktien, Fr. 15,487,500 Prioritätsaktien I. Ranges und Genußscheine,
sowie Fr. 30,656,000 Prioritätsaktien II. Ranges

GENUSS-SCHEIN

von

Hundert Franken

voll einbezahlt

Den Genußscheinen kommen hinsichtlich Anteil am Reingewinn und Vermögen der Gesellschaft im Liquidationsfalle
die gleichen Rechte zu wie den neuen Prioritätsaktien I. Ranges; dagegen besitzen sie kein Stimmrecht.

Stempelabgabe durch Verfügung der
eidg. Steuerverwaltung vom 16. August 1923,
Nr. 19138, erlassen.

No 1327

Droit de timbre remis suivant décision
de l'Administration fédérale des contributions
du 16 août 1923, No 19138.

Compagnie du Chemin de fer des Alpes bernoises Berne-Lœtschberg-Simplon

(constituée le 27 juillet 1906)

Capital-actions Fr. 59,783,500.—

divisé en fr. 13,640,000 actions ordinaires, fr. 15,487,500 actions privilégiées en Ier rang et bons de jouissance
et fr. 30,656,000 actions privilégiées en IIe rang

Bon de jouissance

de

Cent Francs

entièrement versés

Les bons de jouissance possèdent, en ce qui concerne la participation au bénéfice net et à la fortune de la
Compagnie en cas de liquidation, les mêmes droits que les nouvelles actions privilégiées en Ier rang,
sauf qu'ils n'ont pas le droit de vote.

Bern, den 11. Juli 1923.

Berne, le 11 juillet 1923.

Berner Alpenbahn-Gesellschaft
Bern - Lötschberg - Simplon

Compagnie du Chemin de fer des Alpes bernoises
Berne-Lœtschberg-Simplon

Namens des Verwaltungsrates,
Au nom du Conseil d'administration,

Ein Mitglied
Un administrateur

Der Präsident:
Le président:

BOLLIGER & RICHER, BERN

Genuss-Schein, Fr. 100.-, Bern, 11. Juli 1923. (Braun/beige) Bei Positionen von weniger als 5 Obligationen erhält jede Obligation diesen stimmrechtslosen Genussschein. Mit Druckunterschrift des neuen Verwaltungsratspräsidenten Emil Lohner und der Originalunterschrift des Verwaltungsratsmitgliedes Friedrich Volmar.

Am 1. Mai 1923 beraten die Prioritätsaktionäre im Berner Rathaus die Vorschläge der Gesellschaft. Nach Anhörung eines Berichtes des vom Bundesgericht bestellten Sachverwalters, Oberrichter Bäschlin aus Bern, genehmigen die 129 Besitzer von 43'650 Prioritätsakten ohne Gegenstimme den **Nachlassvertrag**. Dieser wird am 11. Juli 1923 vom Bundesgericht bestätigt.

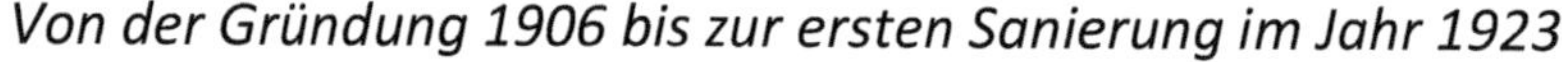

Kapitalstruktur der Berner Alpenbahn-Gesellschaft (Mio. Franken)

Von der Gründung 1906 bis zur ersten Sanierung im Jahr 1923

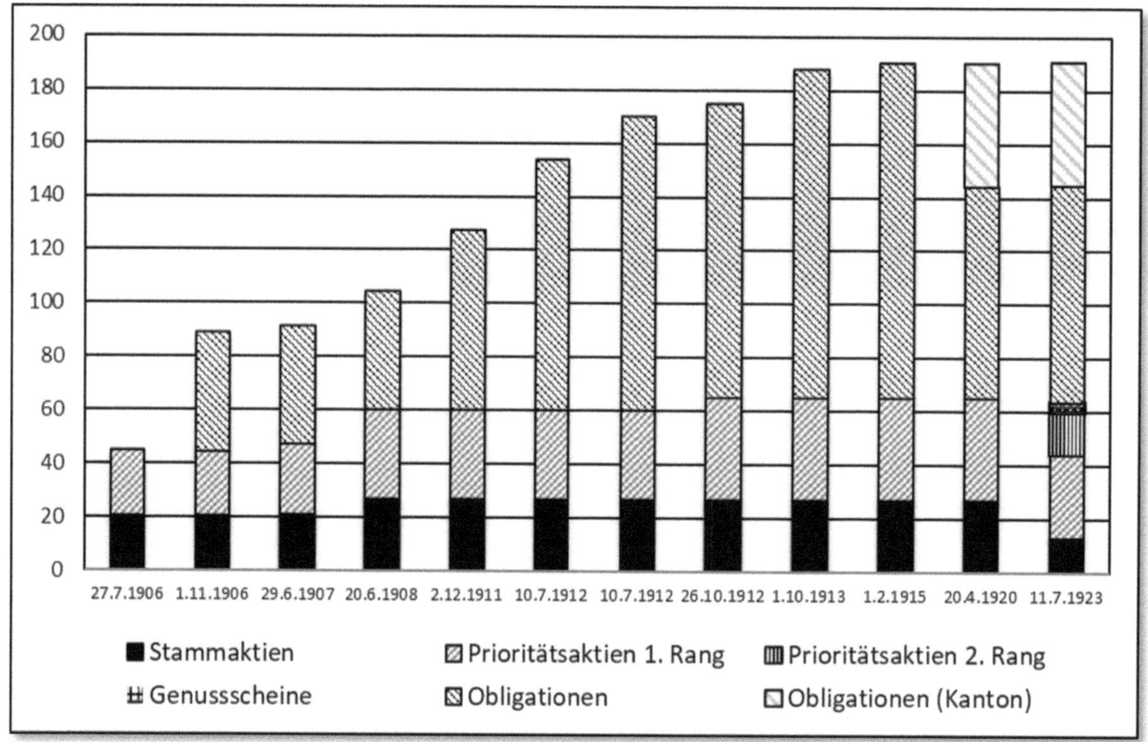

Zweite Sanierung 1932

Trotz dieser Massnahmen ist die BLS auch in den folgenden Jahren finanziell immer noch in einem schlechten Zustand. Zwar entwickelt sich der Bahnbetrieb positiv, die Gesellschaft trägt jedoch weiterhin schwer an den **Kapitalkosten** in Form von Zinsen und Amortisationen. Sie kann nicht alle Schulden selber bedienen. Der **Kanton Bern** muss mit seiner **Zinsgarantie** auf der Hypothekaranleihe Frutigen–Brig II. Rang weiterhin die Gesellschaft unterstützen. Als dann im Laufe der Weltwirtschaftskrise auch noch die Betriebserträge einbrechen, sieht sich die Gesellschaft gezwungen, eine zweite finanzielle Sanierung einzuleiten. Am 2. Juli 1932 nimmt die Gläubigerversammlung die neuen Sanierungsmassnahmen der Gesellschaft an. Diese sehen vor, dass bis 1941 die ausstehenden Anleihen (mit Ausnahme einer 1923er Hypothekaranleihe Scherzligen–Bönigen und der 1912 begebenen, vom Staat Bern garantierten 2. Hypothek Frutigen–Brig) einen vom Betriebsergebnis abhängigen, **variablen Zins** erhalten. Bis dahin werden weiterhin keine Obligationen amortisiert.

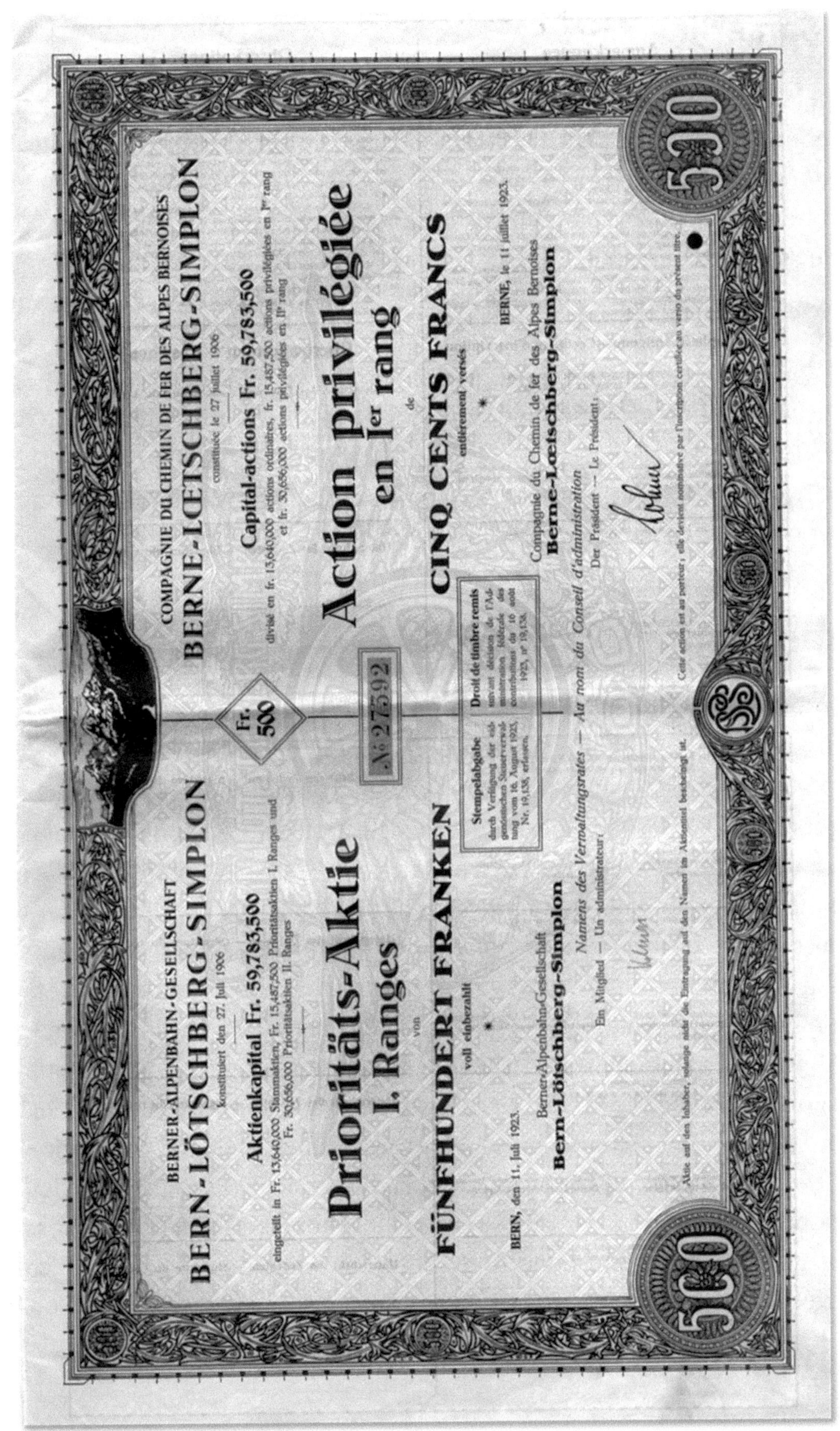

Prioritäts-Aktie I. Rang Fr. 500.-, Bern, 11. Juli 1923. (Schwarz/grau) Mit Druckunterschrift des neuen Verwaltungsratspräsidenten Emil Lohner und der Originalunterschrift des Verwaltungsratsmitgliedes Friedrich Volmar.

Dritte Sanierung 1942

Mit dem Eintritt der **Weltwirtschaftskrise** verschlechtert sich bis 1936 die finanzielle Lage zusehends. Erst nach der Abwertung des Schweizer Frankens zieht der Bahnverkehr wieder an. Trotzdem kann die Lötschbergbahn, wie auch zahlreiche andere Bahnunternehmen, ihren finanziellen Verpflichtungen nicht mehr nachkommen. Zusätzlich hat sich für die Anleihen im II. Rang von 42 Mio. Franken, für welche der Kanton Bern, der die Zinsgarantie übernommen hat, bis ins Jahr 1941 eine **Regressforderung durch den Kanton** von fast **31 Mio. Franken** angehäuft. Dadurch wird eine grundlegende Neuordnung der Verbindlichkeiten der Lötschbergbahn unerlässlich. Dies ermöglicht die auf das **Privatbahnhilfegesetz vom 6. April 1939** gestützte dritte Sanierung des Jahres 1942. Dabei bleibt das Aktienkapital unverändert bei 59'365'000 Franken. Das Schuldkapital beträgt neu 87 Mio. Franken, an dem sich der Bund und der Kanton Bern im Umfang von 35 Mio. bzw. 15 Mio. Franken mit einem Hypothekardarlehen im I. Rang und von 12 Mio. bzw. 25 Mio. Franken im II. Rang beteiligen.[42]

Nachkriegszeit

Als der Gesellschaft in den Jahren 1954 und 1955 **weitere Zinserleichterungen** gewährt werden und auch das **Verkehrsaufkommen ständig anwächst**, kann sich das Unternehmen langsam konsolidieren. Die Bahn erzielt ab dem Jahre 1951 beachtliche Betriebsergebnisse. Die Betriebsüberschüsse wachsen trotz den zunehmenden Aufwendungen von 1951 bis 1968 von 5.8 Mio. auf 8.5 Mio. Franken. Damit kann sie auch eine Neuordnung der Abschreibungen vornehmen. Die BLS ist nun endlich in der Lage, den Erfordernissen des Unterhalts und der Modernisierung der Anlagen zu entsprechen. Ebenfalls wirkt sich das am 1. Juli 1958 in Kraft getretene **Eisenbahngesetz** vom 20. Dezember 1957 positiv auf die finanzielle Lage der Bahn aus. Die in diesem Gesetz geregelte **Abgeltung gemeinwirtschaftlicher Leistungen** bringt der Bahn nunmehr eine jährliche Entschädigung von rund 3 Mio. Franken. Hinzu kommt im Jahre 1961 ein Darlehen von 10 Mio. Franken für technische Verbesserungen und für den Doppelspurausbau der Strecke vom Hondrichtunnel (Südportal) bis nach Frutigen. Die zwischen Bund und Kanton einerseits und der Lötschbergbahn anderseits getroffene Vereinbarung sieht eine Verzinsung der auf Bund und Kanton entfallenden hälftigen Leistungen im Rahmen des Darlehens zweiten Rang gemäss Privatbahnhilfegesetz 1939 vor.

---

[42] Botschaft des Bundesrates an die Bundesversammlung über die Erneuerung der Konzessionen der Berner Alpenbahn-Gesellschaft Bern-Lötschberg-Simplon, der Bern-Neuenburg-Bahn, der Gürbetal-Bern-Schwarzenburg-Bahn und der Simmentalbahn, Spiez-Erlenbach-Zweisimmen, 9. Juli 1969, S. 445.

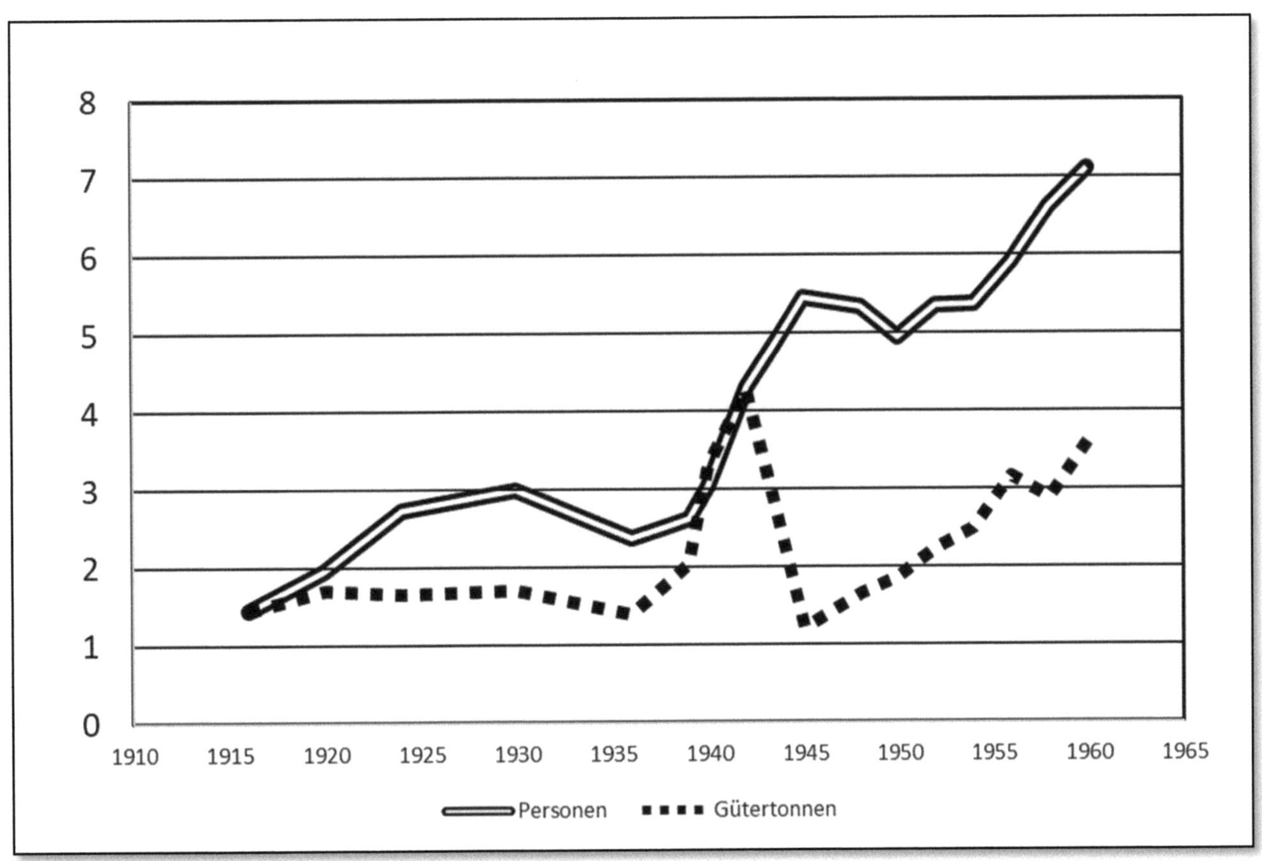

Personen- und Güterverkehr der BLS in Millionen pro Jahr von 1916 bis 1960 (BLS-Broschüre 1960)

Im Jahr 1961 definiert die Gesellschaft ihren Zweck genauer und passt diesen auch an die Realitäten an. Die Gesellschaft hat nun den Zweck der «Verwaltung und des Betriebs der Eisenbahnlinien Scherzligen-Spiez-Frutigen-Brig, Spiez-Interlaken-Bönigen und Münster-Grenchen-Lengnau, sowie des Schiffsbetriebes auf dem Thuner- und Brienzersee.»

Das voll liberierte **Gesellschaftskapital beträgt 59'365'000 Franken**, eingeteilt in:

Stammaktienkapital: 13'640'000 Franken (54'560 Aktien zu Fr. 250.-)

Prioritätsaktienkapital I. Rang: 15'069'000 Franken (30'138 Aktien zu Fr. 500.-)

Prioritätsaktienkapital II. Rang: 30'656'000 Franken (76'640 Aktien zu Fr. 400.-)

Genussscheine: 418'500 Franken (4'185 Genussscheine zu Fr. 100.-).

Alle **Namenaktien werden in Inhaberaktien umgewandelt**. Diese Umwandlung wird auf den schon im Aktienregister eingetragenen Aktien mit einem Stempel dokumentiert. Auch der Verwaltungsrat wird angepasst: Er besteht nun aus **höchstens 30 Mitgliedern**, wovon 5 vom **Bundesrat**, 5 vom Regierungsrat des Kantons **Bern**, 2 vom

Staatsrat des Kantons **Wallis** bezeichnet und die übrigen höchstens 18 Mitglieder durch die Generalversammlung gewählt werden.

Die **Erneuerung der Konzession** der Berner-Alpenbahn-Gesellschaft sowohl für ihre eigene Linie als auch für diejenigen der Bern-Neuenburg-, der Gürbetal-Bern-Schwarzenburg- und der Simmentalbahn wird im Jahr 1969 von der Bundesversammlung angenommen.

Weitere grosse Ausbauten

Im Jahr 1976 genehmigt der Bundesrat einen Baukredit von 620 Mio. Franken für den **Ausbau der gesamten Strecke auf Doppelspur**. Ein Jahr später beginnen die Bauarbeiten. Am 8. Mai 1992 wird die vollständig doppelspurige Lötschberglinie eingeweiht. Ende 1993 beauftragt der Bund die BLS, auf ihrer Linie bis zur Inbetriebnahme des Lötschberg-Basistunnels einen **Huckepackkorridor für Lastwagen** bereitzustellen. Der Betrieb kann am 11. Juni 2001 aufgenommen werden.[43]

BLS Lötschbergbahn AG

Am 1. Januar 1997 findet schliesslich die «Berner Alpenbahngesellschaft Bern-Lötschberg-Simplon» ihr Ende. Die schon seit 1913 mitbetriebenen sogenannten **Dekrets-Bahnen**, Bern-Neuenburg-Bahn, Gürbetal-Bern-Schwarzenburg-Bahn und Spiez-Erlenbach-Zweisimmen-Bahn fusionieren mit der BLS zur «**BLS Lötschbergbahn AG**». Mit einem normalspurigen Streckennetz von 245 Kilometern Länge gehört diese nun zu den grösseren Privatbahnen der Schweiz.

Die BLS Lötschbergbahn AG gibt nun **Namenaktienzertifikate mit variabler Anzahl Aktien zu 10 Franken** aus. Die alten **Stammaktien** der Berner Alpenbahngesellschaft Bern-Lötschberg-Simplon werden mit einem Faktor von 25 umgetauscht (d.h. für eine Stammaktie erhält man 25 neue Aktien der BLS Lötschbergbahn AG). Bei den **Prioritätsaktien 1. Rang** und den **Prioritätsaktien 2. Rang** beträgt der Faktor 50 bzw. 40. Beim **Genussschein** liegt der Faktor bei 10. Die neuen Aktien tragen nur noch die Druckunterschrift des Präsidenten des Verwaltungsrates.

Die Aktien der **Bern–Neuenburg-Bahn** (BN) werden mit einem Faktor von 2.5, die Prioritätsaktien der **Gürbetal-Bern-Schwarzenburg-Bahn** (GBS) mit einem Faktor von 17 und die Aktien der **Spiez-Erlenbach-Zweisimmen-Bahn** (SEZ) mit einem Faktor von 14.5 für Stammaktien und von 29 für Prioritätsaktien in Aktien der BLS Lötschbergbahn AG umgetauscht.

---

[43] www.bls.ch/de/unternehmen/ueber-uns/unternehmensportraet/geschichte/geschichte-bls-ag

BLS Lötschbergbahn AG, *Aktienzertifikat [X] Namenaktie(n) Fr. 10.-, Bern, 1998. (Schwarz/blau) Mit Druckunterschrift Peter Nydegger als Präsident des Verwaltungsrates.*

NEAT-Projekt

Mit grosser Mehrheit stimmt das Schweizer Volk am 7. September 1992 dem Projekt Neue Eisenbahn-Alpentransversale (NEAT) zu. Damit werden zwei neue Alpentransversalen realisiert: eine am Gotthard, die andere am Lötschberg.[44] Das ursprüngliche Projekt am Lötschberg sieht einen 41 Kilometer langen Basistunnel mit zwei Röhren zwischen Frutigen und dem Rhonetal vor. Aus finanziellen Gründen wird das Projekt jedoch redimensioniert: Die Tunnellänge beträgt nun **34,6 Kilometer**. Die BLS AlpTransit AG, eine Tochtergesellschaft der BLS, baut die NEAT Lötschberg. Eine der beiden Röhren wird aus Kostengründen vorerst teilweise nur im Rohbau erstellt. Die Eröffnung des einspurigen **Lötschberg-Basistunnels** findet am 15. Juni 2007 statt. Der volle kommerzielle Betrieb wird mit dem Fahrplanwechsel vom 9. Dezember 2007 aufgenommen. Die Baukosten belaufen sich auf rund **5,3 Milliarden Franken**[45]. Diese werden durch den FinöV-Fonds gedeckt. Dieser speist sich aus zwei Dritteln der Erträge der Leistungsabhängigen Schwerverkehrsabgabe (LSVA) sowie den Einnahmen aus Mehrwert- und Mineralölsteuer. Anfang 2024 erhält die BLS grünes Licht vom Eidgenössischen Parlament, den Tunnel vollständig auf zwei Röhren auszubauen. Damit wird das Bauwerk endlich vollendet. Die prognostizierten Kosten für diesen Vollausbau betragen **1,7 Milliarden Franken**. Der Bau soll 2026 beginnen und bis 2035 realisiert sein.

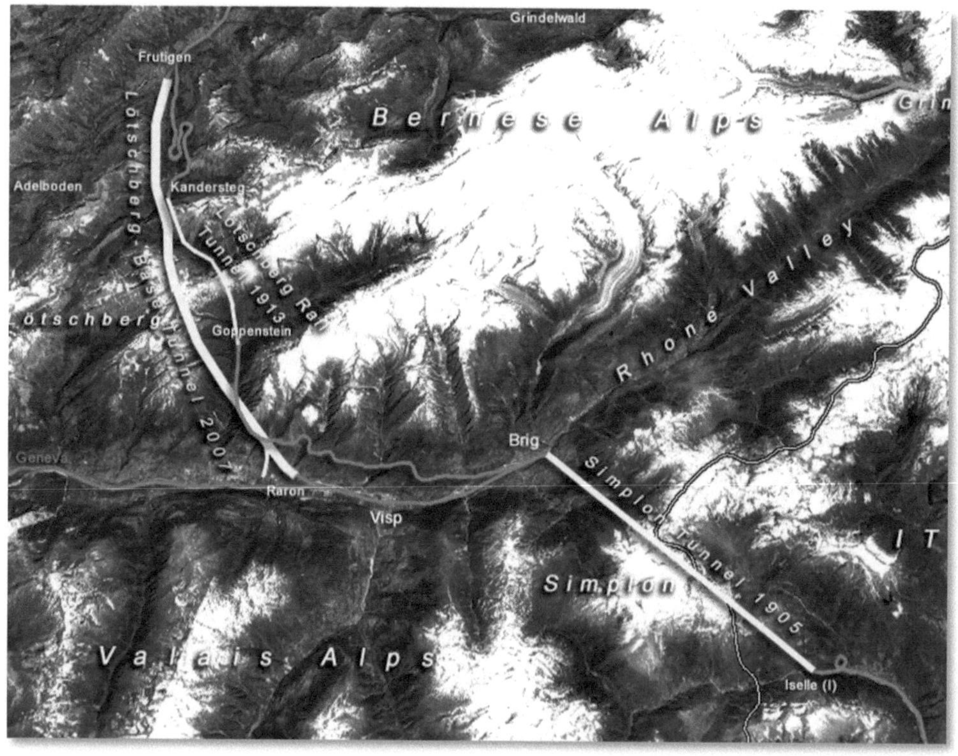

Neuer Lötschberg-Basistunnel 2007 und Simplontunnel 1905 (Wikipedia).

---

⁴⁴ www.bls.ch/de/unternehmen/ueber-uns/unternehmensportraet/geschichte/geschichte-bls-ag
⁴⁵ Bundesamt für Verkehr (Hrsg.): Kosten und Finanzierung. In: swisstraffic Nr. 43, Juni 2007, S. 18 f.

Fusion zur BLS AG

Im Juni 2006 fusionieren die **Regionalverkehr Mittelland AG**[46] und die **BLS Lötschberg-bahn AG** zur **BLS AG**. Die formelle Gründung der BLS AG kommt am 24. April 2006 zustande mit dem Eintausch der Aktien der BLS Lötschbergbahn AG und der Regionalverkehr Mittelland (RM) gegen solche der BLS AG durch die beteiligten Kantone Bern, Luzern, Solothurn, Wallis und Neuchâtel (Umtauschverhältnis für beide Aktien 1 zu 1).[47]

Mit dieser Fusion wird die BLS AG neben den SBB zum grössten Verkehrsleistungs-Unternehmen im schweizerischen Normalspurnetz. Das Unternehmen deckt im regionalen Personenverkehr ein Gebiet ab, das zwischen dem Neuenburger- und dem Vierwaldstättersee und zwischen dem Jura und dem Simplon Massiv liegt. Betrieb und Leistungen der S-Bahn Bern können zukünftig aus einer Hand angeboten werden. 37 Millionen Fahrgäste benützen jährlich die Regional- und S-Bahn-Züge der BLS AG.

Regionalverkehr Mittelland AG RM, Inhaberaktie Fr. 12.50, Burgdorf, 1. September 1997.
(Schwarz, Rot/beige)

Die BLS AG markiert auch das **Ende der Ausgabe von gedruckten Wertpapieren** der Bahn. Physische Aktientitel der Gesellschaft existieren nicht mehr. Der Aktionär hat gemäss Art. 5 der Statuten **keinen Anspruch mehr auf Druck und Auslieferung von Urkunden**.

---

[46] Die Regionalverkehr Mittelland RM AG entstand 1997 aus der Fusion der Emmental-Burgdorf-Thun-Bahn (EBT), den vereinigten Huttwil-Bahnen (VHB) und der Solothurn-Münster-Bahn (SMB).

[47] www.bls.ch/de/unternehmen/ueber-uns/unternehmensportraet/geschichte/geschichte-bls-ag

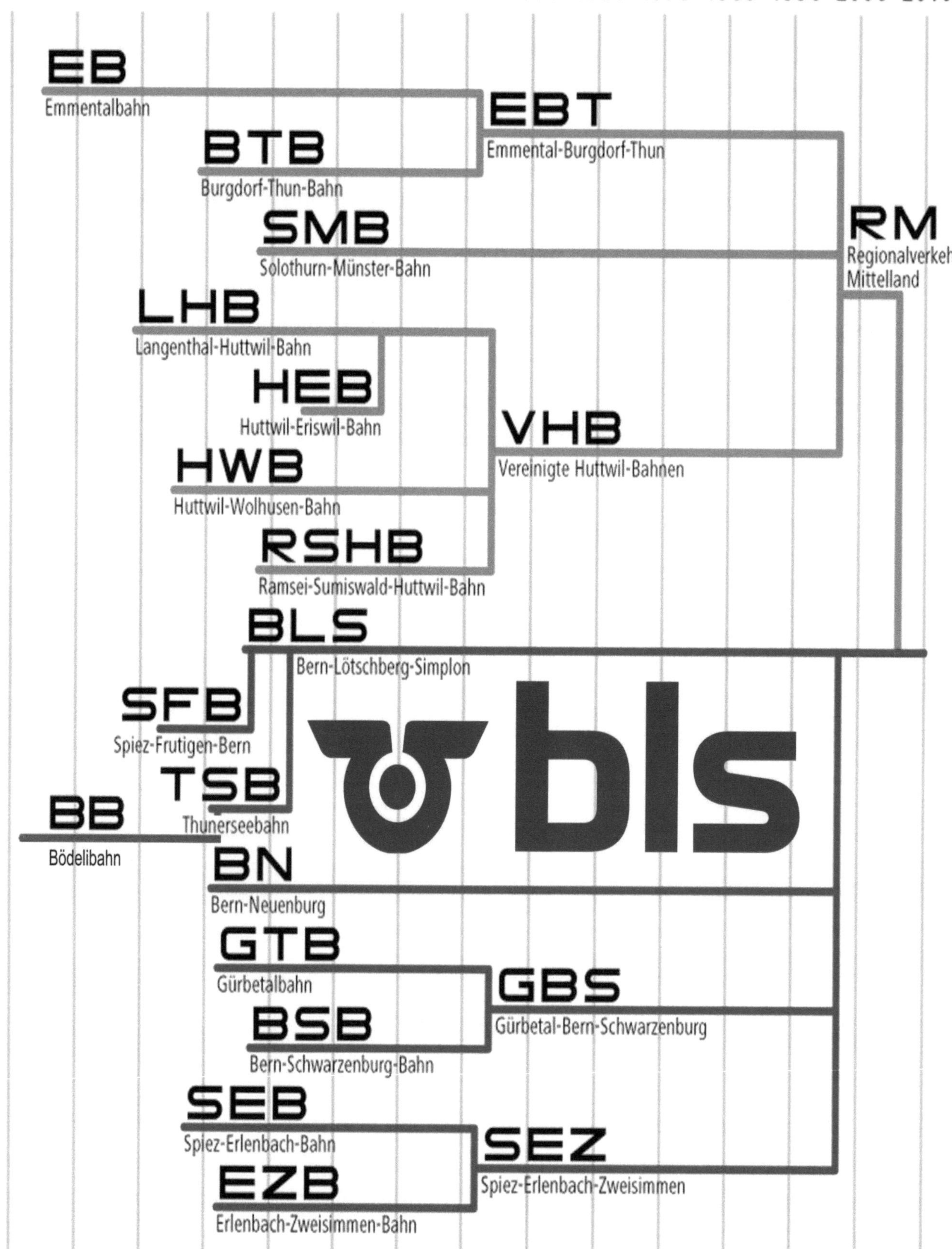

Stammbaum der BLS

Ohne die im Jahr 1912 mit der Thunerseebahn fusionierten Vereinigte Dampfschifffahrtsgesellschaft des Thuner- und Brienzersees (gegründet 1842) und Spiezer Verbindungsbahn (gegründet 1904). In diesem Buch sind nur die Bahnen der ursprünglichen BLS Lötschbergbahn AG (untere Hälfte) beschrieben.

Dekotierung der BLS-Aktie von der Berner Börse

Im Jubiläumsjahr 2013 informiert die BLS die Medien[48], dass der Verwaltungsrat der BLS AG beschlossen habe, die BLS-Aktie per Ende 2013 von der **Berner Börse** (BX) zu nehmen.

Zum hundertjährigen Jubiläum der Lötschbergbahn im Jahr 2013 bringt die Schweizerische Post eine Sondermarke mit der Abbildung des Kanderviadukts bei Frutigen mit dem Frankaturwert von einem Franken bzw. 100 (!) Rappen heraus.

Gründe dafür sind gemäss der BLS AG unter anderem, dass die Gesellschaft **weder über den Aktienmarkt Kapital aufnehmen noch eine Dividende auszahlen kann** und dass das Unternehmen aufgrund der gesetzlichen Rahmenbedingungen[49] gar nicht in der Lage ist, allfällige Gewinne als Dividende den Aktionären auszurichten. Die BLS AG kommt zum Schluss, dass ihre eigenen Aktien **für Investoren**, die mit ihrem Engagement Finanzerfolge erzielen wollen, **nicht mehr interessant sind**.

Das Unternehmen finanziert sich hauptsächlich durch verzinsliches Fremdkapital. Dies wird einerseits am Kreditmarkt in Form von klassischen Bankkrediten und Hypotheken oder andererseits am Kapitalmarkt in Form von Privatplatzierungen und Anleihen beschafft. Die Gesellschaft erhält von der öffentlichen Hand und Dank der Bundesgarantien[50] auf dem **Anleihenmarkt** für ihre Projekte und Ausbauten genügend Kapital. Ende 2021 betragen die langfristigen Finanzverbindlichkeiten der BLS AG 701 Mio. Franken.[51]

---

[48] www.bls.ch/de/unternehmen/medien/medienmitteilungen/2013/09-17-1
[49] Bundesgesetz über die Personenbeförderung
[50] Solidarbürgschaft der Schweizerischen Eidgenossenschaft
[51] BLS, Finanzbericht 2021, Seite 49

Wertpapiere der BLS AG

Das Aktienkapital der BLS AG[52] beträgt derzeit 79'442'336 Franken, aufgeteilt in Aktien mit einem Nominalwert von je 1 Franken. Die wichtigsten Aktionäre sind:

- **Kanton Bern** (55.75%)
- **Schweizerische Eidgenossenschaft** (21.7%)
- **Andere Kantone & Gemeinden** (7.25%),
- **Natürliche und juristische Personen** (6.28%).

Dazu kommen noch 8.99 Prozent nicht stimmberechtigte Aktien (eigene Bestände, Dispo Banken und nicht umgetauschte Aktien).

Aktienkurs:

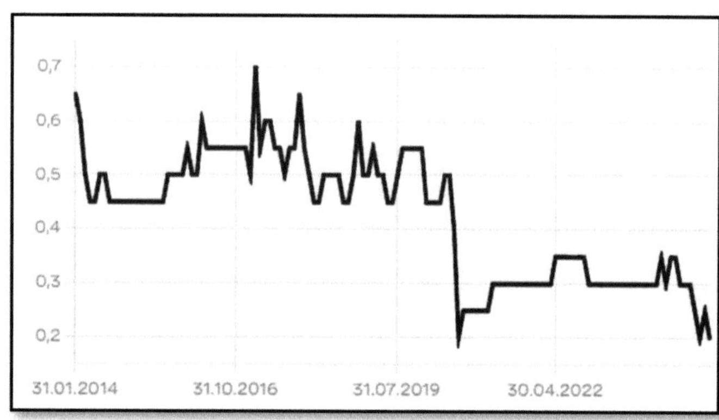

Aktienkurs der BLS-Aktie (BLS N), 2014-2024 (OTC-X, Berner Kantonalbank)

Der Aktienkurs der BLS-Aktie widerspiegelt die bereits 2013 von der Gesellschaft geäusserte geringe Attraktivität für Investoren. Aktuell notiert die Aktie mit einem Nominalwert von 1 Franken nur noch bei rund 20 bis 25 Rappen (OTC-X, Berner Kantonalbank). Dies entspricht einer Marktkapitalisierung von 15,9 Millionen Franken. Der Steuerwert der Aktie liegt derzeit bei 30 Rappen.[53]. Der tatsächliche Wert der Aktie dürfte jedoch deutlich höher liegen. Die BEKB (OTC-X) beziffert den Unternehmenswert auf 4,5 Milliarden Franken, was einen Preis von 11,6 Franken pro Aktie bedeutet.[54] Diese massive Unterbewertung und wiederkehrende Gerüchte über eine mögliche Übernahme durch die SBB stützen den Aktienkurs. Im Falle einer Übernahme sollte der Preis für die BLS zwischen 30 Millionen und 4,5 Milliarden Franken (pro Aktie zwischen 0,30 und 12 Franken) liegen. Der endgültige Preis wird dann massgeblich davon ab abhängen, zu welchem Preis der Kanton Bern als Hauptaktionär bereit ist, die Kontrolle über das Unternehmen abzugeben.

---

[52] BLS N, ISIN: CH0025889160, Valor: 2588916, RIC: CH2588916=BEKB

[53] per 31. Dezember 2023.

[54] Total Eigenkapital CHF 921.7 Mio. im Verhältnis zum Aktienkapital CHF 79.4 Mio. (BLS-Finanzbericht 2021). Aktuell liegt das "Kurs-Buchwert-Verhältnis" (KBV) bei einem unrealistisch tiefen Wert von 0.017. Ein ähnliches Bild zeigt sich bei der Analyse des «Kurs/Gewinn-Verhältnis» (KGV). Aktuell liegt dieses mit 0.79. Eisenbahnaktien (Union Pacific Corporation oder Canadian National Railway) werden z.Z. mit einem KGV von rund 20 gehandelt, was einen Aktienpreis von 5 Franken bedeutet.

Handelsvolumen:

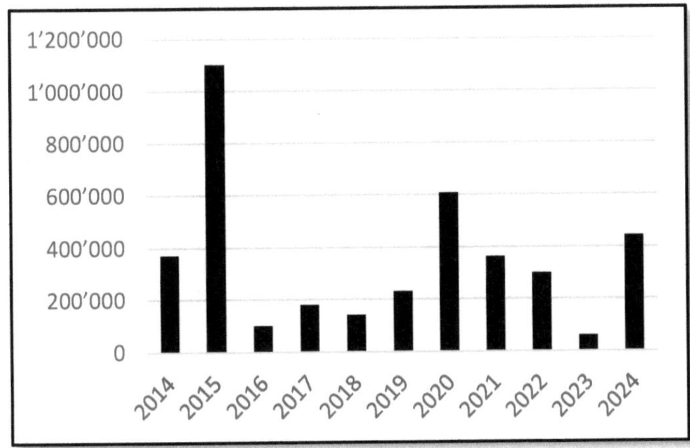

Anzahl der gehandelten BLS N Aktien (OTC-X 2014-2024)

Die BLS-Aktie wird heute ausschliesslich ausserbörslich über die OTC-X-Plattform gehandelt. Das Handelsvolumen ist mittlerweile sehr gering. Während im Jahr 2015 noch über eine Million Aktien gehandelt wurden, waren es 2024 nur noch 442'300 Titel. Dies nach einem kurzfristigen, spekulativen Anstieg auf 606'060 Titel im Jahr 2020 und einem Tiefststand von nur noch 60'092 Stück im Jahr 2023. Die Anzahl der jährlichen Handelsabschlüsse liegt in den letzten Jahren immer bei etwa 100.

Investorenmeinung:

Die Aktie wird kaum noch von Analysten verfolgt. Entsprechend selten sind Kommentare für Investoren. Eine der Ausnahmen ist ein Kommentar zur BLS-Aktie durch Bjoern Zern aus dem Jahr 2020, welche auch heute noch aktuell ist[55]:

*«Die Aktien der BLS AG fristen auf der Handelsplattform OTC-X der BEKB ein eher **stiefmütterliches Dasein**. Das ist auch nicht verwunderlich, denn das Bahn- und Tourismusunternehmen gehört mehrheitlich dem Kanton Bern, dem Bund und anderen Kantonen. Die übrigen Aktien sind breit gestreut. Einige davon werden ausserbörslich gehandelt. Allerdings wechseln nur selten Titel den Besitzer.*

*Aufgrund der klaren Eigentumsverhältnisse, der hohen Abhängigkeit von Abgeltung der öffentlichen Hand und der vergeblichen Versuche einiger Kleinaktionäre in früheren Jahren, einen «Marktwert» für ihre Aktien zu ergattern, liegt die **Bewertung der Titel schon immer weit unter dem Buchwert**, ja sogar deutlich unter dem **Nominalwert** von 1 CHF: Regelmässig dümpelte der Aktienkurs zwischen 45 und 60 Rappen hin und her. Die Coronakrise brachte den Kurs weiter ins Rutschen. Seit Jahresbeginn hat das Papier um über 50% an Wert verloren. Zuletzt wechselten Aktien zu 30 Rappen den Besitzer. Die Marktkapitalisierung erreicht nicht einmal mehr 20 Mio. CHF.»*

Danach beschreibt Zern die aktuellen Probleme des Unternehmens, wie die Coronakrise, Abbruch eines IT-Projektes, Subventionsskandal, Umweltprobleme im Blausee, Kostenexplosion bei Sanierung des Lötschberg-Scheiteltunnels. Er zieht folgendes Fazit:

---

[55] Bjoern Zern: «BLS: Schwere Zeiten für das zweitgrösste Schweizer Bahnunternehmen / Coronakrise, Subventions- und Umweltskandal belasten», www.schweizeraktien.net, 1. Dezember 2020.

«Angesichts dieser jüngsten Pleiten-, Pech- und Pannenserie scheint es wenig über-
*raschend, dass nun auch die **Debatte über die Zukunft** des zweitgrössten Bahnunter-*
nehmens der Schweiz wieder angestossen wird. Schon vor einem Jahr [2019] startete
der mittlerweile zurückgetretene SBB-Chef Andreas Meyer den Versuch, die BLS AG zu
übernehmen. Allerdings trat die Berner Kantonsregierung als Mehrheitsaktionär nicht
darauf ein. Es würde jedoch wenig überraschen, wenn dieses Thema angesichts der
massiven Herausforderungen für die ÖV-Betriebe allgemein, die durch die Coronakrise
entstanden sind, und die vielen hauseigenen Probleme der BLS nicht doch noch einmal
auf den Tisch käme.»

Aktien der BLS AG als Wertrechte

Seit dem 13. Mai 2014 werden die Namenaktien der BLS AG nicht mehr als Zertifikate
herausgegeben. Die sich im Umlauf befindlichen **Zertifikate wurden eingezogen** und
die Aktie ist im SIS-Namenaktiensystem von SIX als **Wertrecht** erfasst. Die Umstellung
hat einerseits zur Folge, dass die als Wertrechte ausgestalteten Namenaktien der BLS
AG in einem **Wertschriftendepot** verwahrt werden müssen. Gemäss der BLS AG er-
leichtert die papierlose Führung der Namenaktien den Handel, schützt vor dem Verlust
der Papiere und gewährleistet einen automatischen und termingerechten Vollzug von
Verwaltungshandlungen durch die Depotbank. Dies ist wohl alles richtig. Aber für den
Liebhaber von Historischen Wertpapieren sind dies schlechte Nachrichten. Die Zeit der
hochdekorativen BLS-Wertpapiere ist damit wohl endgültig vorbei. Ein Grund mehr, die
glücklicherweise verbliebenen BLS-Wertpapiere aufzubewahren und zu sammeln.

*Im **zweiten Teil** dieses Buches werden nun die wichtigsten Aspekte und Komponenten*
dieser Historischen Wertpapiere der Berner Alpenbahn Gesellschaft Bern-Lötschberg-
*Simplon BLS erklärt und näher dargestellt. Danach sind im **dritten Teil** alle bekannten*
Historischen Wertpapiere der Gesellschaft aufgelistet und grossformatig abgebildet.

Teil 2

Die Wertpapiere
der Berner Alpenbahn-Gesellschaft
Bern-Lötschberg-Simplon-BLS

Wichtigste Aspekte und Bestandteile

Historische Wertpapiere – Nonvaleurs?

Die Beschäftigung mit der Finanzgeschichte und der Finanzierung von Unternehmen führt direkt zum Studium der Mittelbeschaffung durch Aktien, Obligationen und ähnlichen Wertpapieren.

Alte Wertpapiere als Zeitzeugen der Finanzgeschichte werden schon seit bald einem halben Jahrhundert systematisch gesammelt. Die meisten dieser Wertpapiere haben mittlerweile ihre Gültigkeit verloren, können demzufolge an keiner Börse mehr gehandelt werden. Diese haben daher im deutschen Sprachraum als «**Historische Wertpapiere**» oder auch «**Nonvaleurs**» ihren Einzug gehalten.

Mittlerweile hat sich ein Sammelgebiet etabliert, das bis vor wenigen Jahren nur von einem kleinen Kreis Interessierter aufmerksam verfolgt wurde: Die «*Scripophilie*», wie das **Sammeln Historischer Wertpapiere** genannt wird. Während andere Objekte meist aus einem sehr spezifischen Grund die Sammelleidenschaft erwecken, ist das Spektrum historischer Aktien und Anleihen beinahe unbeschränkt. Wirtschaft, Wissenschaft, Kunst und Kultur finden auf den Zertifikaten zueinander. Ob man sich für alte Schiffe, Eisenbahnen, Autos und Flugzeuge interessiert, oder sich für die grossen Erfinder und Pioniere der Wirtschaftsgeschichte begeistert, zu beinahe jedem Thema findet sich ein Papier, das – oft von Künstlerhand gestaltet – den Willen dokumentiert, zu neuen Horizonten aufzubrechen.[56]

Historische Wertpapiere spiegeln die Geschichte unserer Kultur und Wirtschaft. Sie dokumentieren den Zustand der Gesellschaft einer jeden Epoche, mit einem Historischen Wertpapier hält man einen wichtigen Teil der Wirtschafts- und Finanzgeschichte in den Händen. Ebenso faszinierend sind ihre Einmaligkeit und ihr unwiederbringlicher Charakter. Ausserdem können ausgewählte Stücke eine interessante Ergänzung zu einer Vermögensanlage sein.

In der Folge werden die Historischen Wertpapiere der Berner Alpenbahn-Gesellschaft genauer erklärt und dargestellt. Da die meisten Aktien und Obligationen der Berner Alpenbahn-Gesellschaft in den ersten Jahren des Bestehens ausgegeben wurden, konzentrieren sich die folgenden Erläuterungen auf diese **erste Unternehmensperiode** bis 1923, eine Zeitspanne, in welcher - wie im ersten Teil gezeigt - die Gesellschaft zwar mit massiven finanziellen Problemen zu kämpfen hatte, aber gleichzeitig der Sammlerwelt ausserordentlich schöne und dekorative Historische Wertpapiere geschenkt hat.

---

[56] Hiwepa, Broschüre «Faszination Historische Wertpapiere», 2022.

Struktur und Bestandteile eines Wertpapiers

Das Schweizerische Obligationenrecht definiert ein Wertpapier als «...jede Urkunde, mit der ein Recht derart verknüpft ist, dass es ohne die Urkunde weder geltend gemacht noch auf andere übertragen werden kann.»[57] Ein Wertpapier ist somit eine Urkunde, die dem **Nachweis eines Rechtes** dient. Dieses verbriefte Recht kann ohne Besitz der Urkunde nicht geltend gemacht werden. **Aktien** geben das Recht auf einen **Anteil an der Gesellschaft** und das **Recht auf Dividenden, Obligationen** das Recht auf **Vermögen und Zinsen.**[58]

Bis in die 1950er Jahre glich die Welt der Wertpapiere einem höchst unterschiedlichen und bunten Flickenteppich. Gestaltung und Format variierten stark von Land zu Land und hingen oft von den individuellen Vorlieben der Ausgeber und Druckereien ab. Einzige Treiber für eine gewisse Standardisierung waren rechtliche Vorschriften für Finanzdokumente. Drucktechnische Vorgaben oder andere Regeln gab es kaum. Umso wichtiger war die **Fälschungssicherheit**. Diese erforderte eine hohe Qualität in Gestaltung und Druck der Papiere. Wertpapiere waren für die ausgebenden Gesellschaften nicht nur Finanzinstrumente, sondern auch ein wichtiges **Marketinginstrument**. Sie dienten dazu, das Selbstverständnis des Unternehmens zu kommunizieren und Anleger zum Zeichnen der Papiere zu motivieren. Die Kombination aus hohen Sicherheitsanforderungen und dem Wunsch nach einer ansprechenden Präsentation führte zu einer Vielzahl kunstvoll gestalteter Wertpapiere. Viele von ihnen gelten heute zu Recht als grafische **Kunstwerke** und sind begehrte **Sammlerobjekte**.

In der Schweiz kamen Wertpapiere in sehr unterschiedlichen Formaten und Darstellungen zum Einsatz.[59] Bis Mitte der ersten Hälfte des 20. Jahrhundert waren Aktien und Obligationen im **Hochformat** aus einem einzigen, einmalig gefalteten Druckbogen (d.h. mit 4 Seiten) sehr verbreitet. Auch die Aktien und Obligationen der Berner Alpenbahn Gesellschaften folgten dieser Form.

Ein Wertpapier besteht aus zwei Teilen: Mantel und Bogen. Der **Mantel** ist der wichtigste und dekorativste Teil und wird deshalb oft als die eigentliche «Aktie» bzw. «Obligation» bezeichnet. Er verkörpert die zentralen Rechte: Bei der Aktie ein Teilhaberrecht und den Anteil an der Gesellschaft, bei der Obligation ein Schuldverhältnis und den Anspruch auf Rückzahlung des Kapitals. Der Mantel dient quasi als «Deckblatt»

---

[57] OR Art. 965 – Begriff des Wertpapiers
[58] de.wikipedia.org/wiki/Wertpapier
[59] Für noch mehr Information zu diesem Thema siehe: Dagmar Schönig, Thomas Fenner (2013): «Aktien & Co. - Ein Streifzug durch die Welt der Wertpapiere und die Geschichte des Kapitalismus»; Olten ISBN 978-3-033-04124-0.

und enthält alle wichtigen Angaben wie den Namen des Emittenten, den Nennwert und die Emissionsbedingungen.

Der zweite Teil heisst **Bogen**. Er ist ein Anhang zum Mantel und verkörpert das verbriefte Ertragsrecht - in Form von Dividenden bei der Aktie und Zinsen bei der Obligation. Der Bogen enthält die Zinsscheine (bei Anleihen) oder die Dividendencoupons (bei Aktien). Diese dienen zur Auszahlung der Zinsen bzw. Dividenden und werden nach und nach abgetrennt. Mantel und Bogen waren physisch miteinander verbunden, oft durch eine Perforation. Heutzutage werden Wertpapiere meist zwar elektronisch geführt, die Begriffe Mantel und Bogen haben aber weiterhin ihre Bedeutung – auch ohne physische Existenz – behalten.

Bestandteile der Wertpapiere der Berner Alpenbahn-Gesellschaft			
Blatt 1 : Der Mantel - das verbriefte Teilhaberrecht			
Wertpapierart	Stammaktie / Prioritätsaktie	Hypothekar-Obligation	Genussschein
Name der Gesellschaft	x	x	x
Inhaber / Namen	x	x	x
Nominal- oder Nennwert	x	x	(x)
Zertifikatnummer	x	x	x
Aktienkapital	x	(x)	x
Betrag der Emission		x	
Zinssatz & Laufzeit		x	
Ausstellungsort	x	x	x
Ausstellungsdatum	x	x	x
Rechtsgültige Unterschrift	x	x	x
Druckerei	x	x	x
Auszug aus Statuten	x	x	
Frontblatt	x	x	
Blatt 2 : Der Bogen - das verbriefte Ertragsrecht			
Talon	x	x	x
Coupons	15 Dividenden	30 Zins	21 Dividenden

Mantel

Der Mantel enthält alle wichtigen Informationen und ist die Verbriefung aller Rechte des Besitzers des Wertpapieres als Teilhaber der Gesellschaft. Es sind dies:

Art des Wertpapieres: Die Berner Alpenbahn emittierte drei Arten von Wertpapieren: Stammaktien, Prioritätsaktien und Obligationen. Im Jahr 1923 war die Gesellschaft gezwungen, zusätzlich noch Genussscheine auszugeben.

Name der Gesellschaft: Der Name der Gesellschaft war «Berner Alpenbahn-Gesellschaft Bern-Lötschberg-Simplon» bzw. auf Französisch «Compagnie du Chemin de fer des Alpes Bernoises Berne-Lœtschberg-Simplon». Dieser Name findet sich identisch auf den Wertpapieren der Gesellschaft.[60]

Namen- oder Inhaber: Gemäss OR Art. 622 lauten Aktien auf den Namen oder auf den Inhaber. Alle Wertpapiere der Berner Alpenbahn-Gesellschaft waren als Inhaber-Titel konzipiert. Bei den Aktien galt die Regelung, dass eine Aktie so lange auf den Inhaber lautete, als nicht der Träger derselben im Aktienregister der Gesellschaft eingetragen und eine Eintragungsbescheinigung ausgestellt war. Es war auch zulässig, eine Namenaktie wieder zurück auf den Inhaber zu übertragen. Im Jahr 1961 beschloss die Gesellschaft, dass alle Aktien wieder als Inhabertitel zu behandeln seien. Einzig provisorische Titel wurden bis zur vollen Liberierung nur auf den Namen ausgestellt.

Nennwert oder Nominalwert: Im Jahr 1936 wurde im Schweizerischen Obligationsrecht ein Mindestnennwert für Aktien von schweizerischen Gesellschaften von Fr. 100.- festgelegt. Bis dahin kannte das Obligationenrecht von 1881 diesbezüglich keine Regelung. Im Jahr 1991 wurde dieser Betrag weiter auf Fr. 10.-, im Jahr 2001 schliesslich auf 1 Rappen reduziert.[61] Alle Wertpapiere der Berner Alpenbahn Gesellschaft hatten bei Ausgabe einen nominalen Wert von Fr. 500.- (ausser beim Genussschein Fr. 100.-). Dies war damals ein üblicher Nominalwert einer börsengehandelten Aktie oder Obligation. Im Laufe der Sanierungen wurde dann der nominale Wert reduziert.

Nummer des individuellen Wertpapieres: Bei jeder Emission werden die neu ausgegebenen Wertpapiere nummeriert, beginnend mit der Nummer 1. Nur bei Ausgaben von Obligationen in zwei Serien, wie beispielsweise die Anleihe vom 1. Juni 1911, trug die Serie A die Nummern 1 bis 30'000 und die Serie B die Nummern 30'001 bis 46'000.

---

[60] Ganz kohärent ist der Druck des Namens der Gesellschaft jedoch nicht. Der Name wird in den Statuten mit Bindestrich «Berner-Alpenbahn-Gesellschaft» geschrieben. Diese Version findet sich auf den Prioritätsaktien und den Obligationen. Auf der Stammaktie und dem Genussschein ist der Name ohne Bindestrich als «Berner Alpenbahn-Gesellschaft» ausgeschrieben.

[61] Art. 622 Abs. 4 OR

Emissionsbetrag, Zinssatz und Laufzeit (bei Obligationen): Die Dauer der Gesellschaft wurde bei der ersten Konzession auf 80 Jahre festgelegt, berechnet ab dem 23. Dezember 1891 (Art. 3 der Statuten). Dieses frühe Datum geht zurück auf die Konzessionserteilung an die Spiez–Frutigen-Bahn AG im Jahr 1890, welche diese dann im Jahr 1907 an die Berner Alpenbahn abgetreten hat. Zum Gründungzeitpunkt durften deshalb die Obligationen der Gesellschaft keine längere Laufzeit als 64 Jahre haben bzw. die planmässige Rückzahlung aller Titel musste bis 1971 abgeschlossen sein. Die Konzession der Gesellschaft wurde übrigens 1971 durch die Bundesversammlung diskussionslos verlängert.

Ausstellungsort & Ausstellungdatum: Gemäss Art. 2 der Statuten ist der Sitz der Gesellschaft in Bern (Genferstrasse 11). Deshalb ist Bern auch der **Ausgabeort** aller Wertpapiere. Betreffend **Ausgabedatum** der Wertpapiere sind die Regeln für Aktien unterschiedlich. Man findet als Datum verschiedene Ereignisse. Es können dies der Beschluss der Generalversammlung zur Ausgabe von Aktien, der Eintrag ins Handelsregister oder auch die effektive Ausgabe der Wertpapiere sein. Bei Obligationen ist es der Beginn der Zinszahlungen.

Information zu Druckerei und Künstler: Auf dem Mantel der Wertpapiere findet sich der Name der Druckerei. Die Berner Alpenbahn-Gesellschaft betraute im Laufe der Zeit folgende sechs Unternehmen mit dem Druck der Wertpapiere: **Haller'sche Buchdruckerei A.-G.** Bern *(Stammaktie)*, **Buchdruckerei Stämpfli & Cie.**, Bern *(Prioritätsaktie)*, **Typ. Büchler & Co.**, Bern *(Obligation 1906)*, **Typ. Rösch & Schatzmann**, Bern *(Obligationen 1911-12)*, **Neukomm & Zimmermann** in Bern *(Obligation 1913)*, **Bolliger & Eicher**, Bern *(Genussschein 1923)*. Vielfach findet sich auch die Signatur des Künstlers und des Herstellers der Lithographie. Auf den Stammaktien: «**Entw. Randolf**, Bern 1911» (Künstler) und «**R. Henzi & Co.**, Bern, Ph.-Chem.» (Lithograph), den Prioritätsaktien: «**Grob 06**» (Künstler) und den Obligationen: «**Schaerer-Grob 07**» (Künstler) / «**R. Henzi & Co.**, Bern» (Lithograph).

Rechtsgültige Unterschrift: Die Unterschriften auf Wertpapieren sind gesetzlich vorgeschrieben. Sie sind auch sonst ein wichtiges Unterscheidungsmerkmal. Für Sammler von Historischen Wertpapieren ist das Sammeln der verschiedenen Unterschriften ein wichtiges Sammelgebiet, genannt «Autographen». Das nächste Kapitel (Seite 86ff) widmet sich vertieft dieser Thematik und den wichtigsten Unterzeichnern der Wertpapiere der Berner Alpenbahn-Gesellschaft.

Mantel

Verbriefte Teilhaberrechte:

Gesellschaftsanteil (Aktien)

Schuldverhältnis (Obligationen)

Bogen

Verbriefte Ertragsrechte:

Dividenden (Aktien)

Zinsen (bei Obligationen)

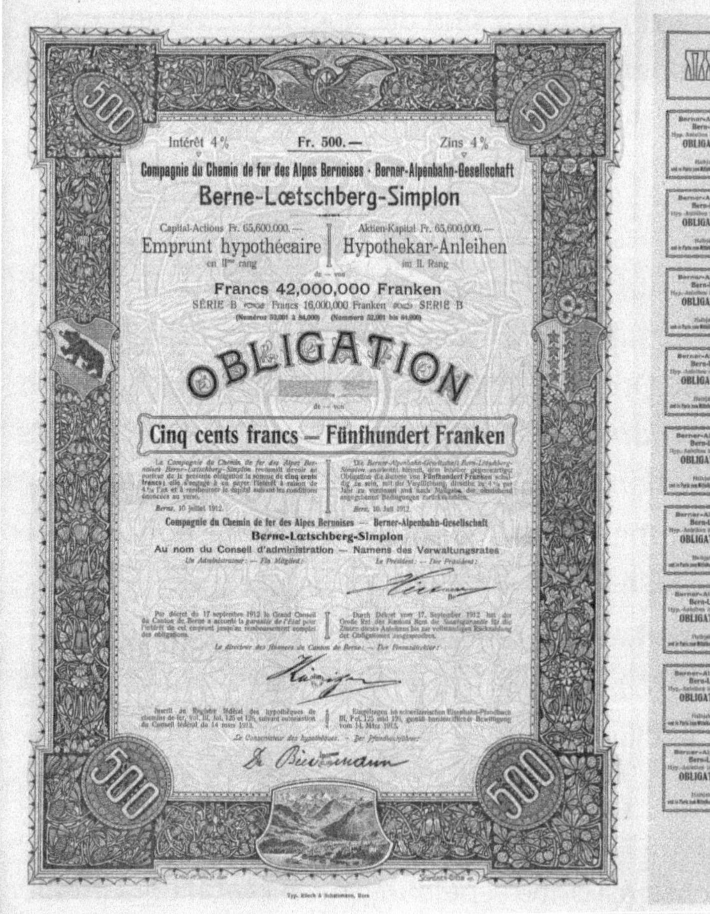

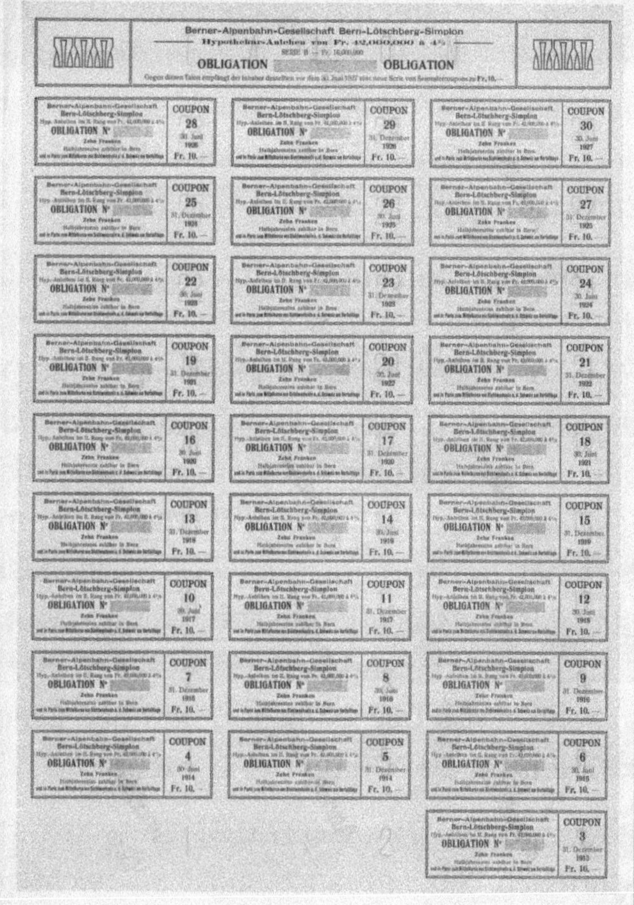

Dekorativster Teil

Alle wichtigen Informationen

Dividenden-Coupons & -Talon (Aktie)

Zins-Coupons & -Talon (Obligation)

Bogen   # *Mantel*

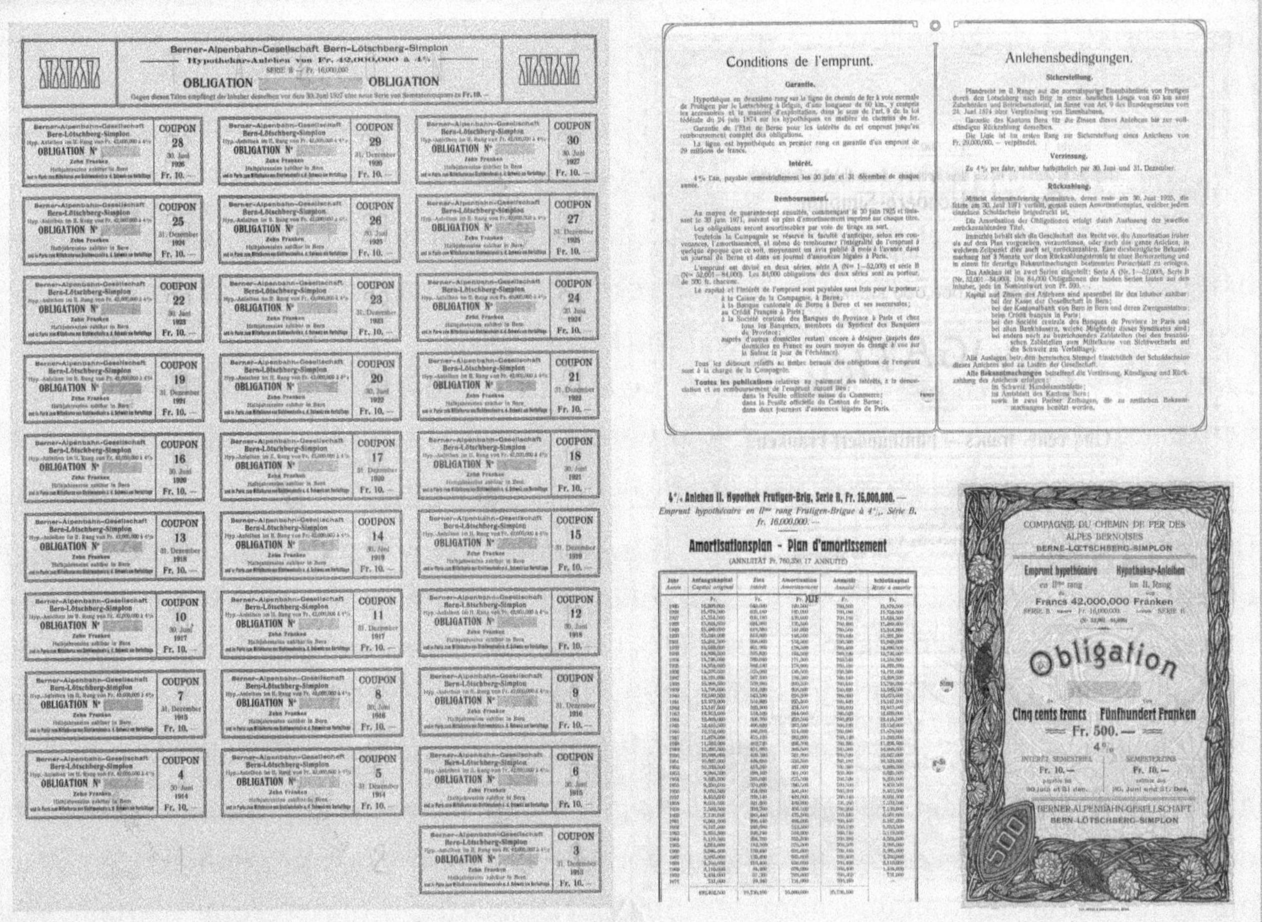

Coupons & Talon (hintere Seite)   *Gesellschaftsstatuten (bei Aktien)*

Anleihensbedingungen &
Amortisationsplan (bei Obligationen)

Revers (Deckblatt)

Mantel Rückseite

Die hintere Seite des Mantels zeigt den Auszug aus den **Gesellschaftsstatuten** (Aktie) bzw. die **Anleihebedingungen** (Obligation). Bei den Aktien findet sich zusätzlich ein Formular zur Bestätigung des Übertrags, genannt **Zession**, der Aktie an einen neuen Eigentümer. Bei Obligationen ist der **Amortisationsplan** beigegeben. Auf einem Viertel der Rückseite des Mantels findet sich der Revers[62] (Deckblatt). Wenn das Wertpapier aus Gründen der Praktikabilität nochmals gefaltet wird, bildet der Revers das oberste Blatt und wird zu einem Deckblatt für das Wertpapier. Der Revers hat deshalb eine ähnliche Funktion wie der Mantel und ist in der Gestaltung ähnlich dekorativ. Es enthält ebenfalls die wichtigsten Informationen zum Wertpapier. Die Struktur eines Wertpapiers soll in der Folge am Beispiel der 4%-Obligation der Berner Alpenbahn Gesellschaft aus dem Jahr 1911 dargestellt werden.

Exkurs: Der Drucker der Stammaktien

Die bekannte Haller'sche Buchdruckerei geht bis ins Jahr 1711 zurück. Am 27. November 1888 wurde die «Haller'sche Buchdruckerei, AG der vereinigten Lokalpresse», gegründet. Diese sollte die beiden Buchdruckereien «Paul Haller» und «Haller & Cie» samt den von ihnen herausgegebenen Tagesblättern, nämlich das freisinnige Intelligenzblatt, Stadtanzeiger, Stadtblatt und Berner Zeitung, erwerben und deren Fortbetrieb nach zweckmässiger Reorganisation sicherstellen.

Das Aktienkapital von 350'000 Franken war eingeteilt in 500 Aktien zu je 500 Franken und 400 Aktien zu je 250 Franken. Obwohl im Jahr 1891 eine finanzielle Sanierung erfolgte, indem das Aktienkapital um 60% abgeschrieben wurde, musste 1893 die Zwangsliquidation eingeleitet werden. Fritz Haller-Bion (1859–1936) übernahm aus dem Nachlass das operative Geschäft und führte dieses als Einzelfirma weiter.

Am 1. April 1911 erfolgte die Umwandlung in die Aktiengesellschaft «Haller'sche Buchdruckerei AG». 1912 wurde sie von der von Otto Richard Wagner gegründeten Wagner'schen Verlagsanstalt übernommen. Später erfolgte die Umfirmierung in «Hallwag». Ende 2011 wurde daraus die «Hallwag Kümmerly+Frey».[63]

---

[62] Dieser Ausdruck ist der Mode (le revers) entlehnt. Ein Revers ist der umgeschlagene Teil des Vorderteils eines Kleidungsstücks (Jacken, Mänteln, Blazern etc.), der am Kragen beginnt und sich bis zum unteren Saum oder Verschluss erstreckt. Es handelt sich um eine Stoffbahn, die nach aussen geklappt und meist mit dem Kragen vernäht ist. Früher war es «der» Revers. In der Mode ist es jedoch heute «das» Revers.

[63] Siehe dazu auch «Stammaktien» auf Seite 116ff.

Haller'schen Buchdruckerei - Aktiengesellschaft der vereinigten Lokalpresse in Bern. Namenaktie Fr. 250.-, Bern, 27. November 1888. (Schwarz/beige) Mit Unterschrift von Marti als Präsident des Verwaltungsrates und Paul Haller als Geschäftsführer.

Unterschriften des Verwaltungsrates

Wertpapiere, wie Aktien und Obligationen, bedürfen immer der Unterschrift eines Vertreters der Gesellschaft. In der Schweiz sieht das Gesetz eine eigenhändige Unterzeichnung vor.[64] Faksimile Unterschriften sind nur dort als genügend anerkannt, wo deren Gebrauch im Verkehr üblich ist, insbesondere wenn es sich um die Unterschrift auf Wertpapieren handelt, die in grosser Zahl ausgegeben werden.[65] Bei Aktien ist das Gesetz noch spezifischer. Diese müssen durch mindestens ein Mitglied des Verwaltungsrates unterschrieben sein.[66] Die Statuten der Berner Alpenbahn gehen über diese gesetzliche Anforderung hinaus, indem Wertpapiere der Gesellschaft die Unterschrift von **zwei Mitgliedern** des Verwaltungsrates tragen müssen; eine dieser Unterschriften kann jedoch in Faksimile erfolgen.[67] Auf den Wertpapieren der BLS sind deshalb immer zwei Unterschriften zu finden.[68] Die Faksimileunterschrift des Präsidenten des Verwaltungsrates und die Originalunterschrift eines Mitgliedes des Verwaltungsrates. Die Originalunterschrift konnten unterschiedliche Mitglieder abgeben.

Präsidenten - Faksimile Unterschriften

Gemäss Artikel 25 der Statuten wurden die Präsidenten des Verwaltungsrates jeweils für eine Amtsperiode von sechs Jahren gewählt. In den für die Ausgabe von Wertpapieren wichtigen drei Amtsperioden, von der Gründung bis zur ersten Sanierung 1923, gab es zwei Präsidenten des Verwaltungsrates: J. Hirter, Nationalrat (VR 1906-1922 und E. Lohner, National- und Regierungsrat (VR 1922-1927). Gedruckt wurden diese Unterschriften im Holzschnittverfahren[69].

Die Lohner-Faksimile Unterschrift als Präsident des Verwaltungsrates tragen alle Wertpapiere der BLS zwischen 1923 bis 1927. Auch vorher hat er als Verwaltungsratsmitglied (1915-1923) Wertpapiere der BLS im Original unterzeichnet (die Unterschrift ist leicht unterschiedlich – siehe Unterschriftenliste Seite 101).

---

[64] Art. 14 Abs. 1 OR
[65] Art. 14 Abs. 2 OR
[66] Art. 622 Abs 5. OR
[67] Statuten Artikel 5 für Aktien und - identische Formulierung - Artikel 10 für Obligationen.
[68] Uns sind nur zwei Papiere bekannt, bei welchen diese Regel nicht angewendet ist: Erstens, die 4%-Hypothekar-Anleihe von 1913 - nur Unterschrift des Direktors und, zweitens, die späteren Aktienzertifikate der BLS Lötschbergbahn – nur Unterschrift des Präsidenten des Verwaltungsrates.
[69] Das Holzdruck-Cliché der Unterschrift wurde Rösch und Schatzmann hergestellt.

Mitglieder des Verwaltungsrates - Autographen

Zusätzlich zu den Druckunterschriften der Präsidenten unterschrieb ein zweites Mitglied des Verwaltungsrates die Wertpapiere mit **eigenhändiger Unterschrift**. Die **Stückzahl** der Papiere war **sehr gross**. Beispielweise wurden 58'000 Stück der Gründerobligationen 1906 ausgegeben. Das Setzen einer eigenhändigen Unterschrift war deshalb ein grosser Aufwand. Deshalb wurde diese Arbeit auf diverse Verwaltungsräte der Gesellschaft aufgeteilt. Der Verwaltungsrat der Berner Alpenbahn-Gesellschaft hatte zeitweise eine Mitgliederzahl von über 40 Personen, so konnte der Kreis der Unterschreibenden gross gehalten werden. Die grosse Anzahl von unterschiedlichen, aber trotzdem klar mittels der Wertpapiernummer identifizierbaren Unterzeichnern hatte auch den Vorteil, dass die **Fälschungssicherheit der Wertpapiere** erhöht wurde. Die Berner Kantonalbank als Hausbank der Bahngesellschaft war für die gesamte Organisation und Kontrolle der Unterschriften verantwortlich. Hierhin wurden die Aktienzertifikate auch direkt vom Drucker geliefert und lagen gut abgesichert für die Verwaltungsratsmitglieder zur Leistung der Unterschrift auf. Dies wurde detailliert festgehalten. Die Unterschriften der französischen Verwaltungsratsmitglieder wurden unter der Oberaufsicht der Berner Kantonalbank in den Räumlichkeiten des «Crédit Français» in Paris, 52, Rue de Châteaudun, geleistet. Sicherlich hatte dieses Unterschriftsprozedere auch eine gewisse **symbolische Bedeutung** in Form einer speziellen Ehrung für Mitglieder des Verwaltungsrates.[70]

Der Verwaltungsrat der Berner Alpenbahn hatte bereits bei Gründung der Gesellschaft die eindrücklich hohe Zahl von 27 Mitglieder. Ein Hauptgrund dafür war, dass sowohl die verschiedenen privaten Investorengruppen als auch die öffentlich-rechtlichen Körperschaften, wie Gemeinden und Kantone, die sich an der Finanzierung beteiligten, einen Sitz beanspruchten. Im Jahr 1961 wurde die Zahl der Mitglieder auf maximal 30 Personen beschränkt. Heute besteht der Verwaltungsrat der BLS AG aus maximal 9 Mitglieder, davon zwei Vertreter von Körperschaften des öffentlichen Rechts, d.h. die Kantone Bern und Wallis. (Art. 19 der Statuten). Im Folgenden werden wichtige Mitglieder des Verwaltungsrates genauer vorgestellt.[71]

---

[70] In diesem Sinne ist beispielsweise die Unterschrift des für die Finanzierung der Berner Alpenbahn äusserst wichtigen Pariser Bankiers J. Loste zu verstehen. Er hat nur ein einziges Exemplar der Gründeranleihe, die Obligation Nummer 48'040, unterzeichnet. Warum genau diese Nummer gewählt wurde, wäre zu untersuchen.

[71] Die drei zentralen Mitglieder des Präsidiums der Gründungs-Verwaltungsrates, Hirter, Kunz und Loste, sind schon im ersten Teil unter dem Titel «Der Verwaltungsrat» auf Seite 20 genauer vorgestellt.

Marcel Bouilloux-Lafont - Vom Bankier zum Luftfahrtpionier

Pierre Louis Marcel Bouilloux-Lafont (1871-1944) bietet eine faszinierende Biografie. Als Vertreter der französischen Bahngesellschaft „Chemin de fer de l'Est" wirkte er im Verwaltungsrat der Berner Alpenbahn-Gesellschaft. Doch sein weiterer Lebensweg führte ihn weit über die Grenzen dieses Projektes hinaus. Nach seinem Jurastudium mit Schwerpunkt Internationales Recht an der Université de Droit de Paris übernahm Bouilloux-Lafont gemeinsam mit seinem Bruder Maurice die Leitung der 1855 vom Vater gegründeten „Banque Bouilloux-Lafont & Cie". 1907 gründeten die Brüder die „Caisse Commerciale et Industrielle de Paris" und fokussierten sich auf Geschäfte in Brasilien.

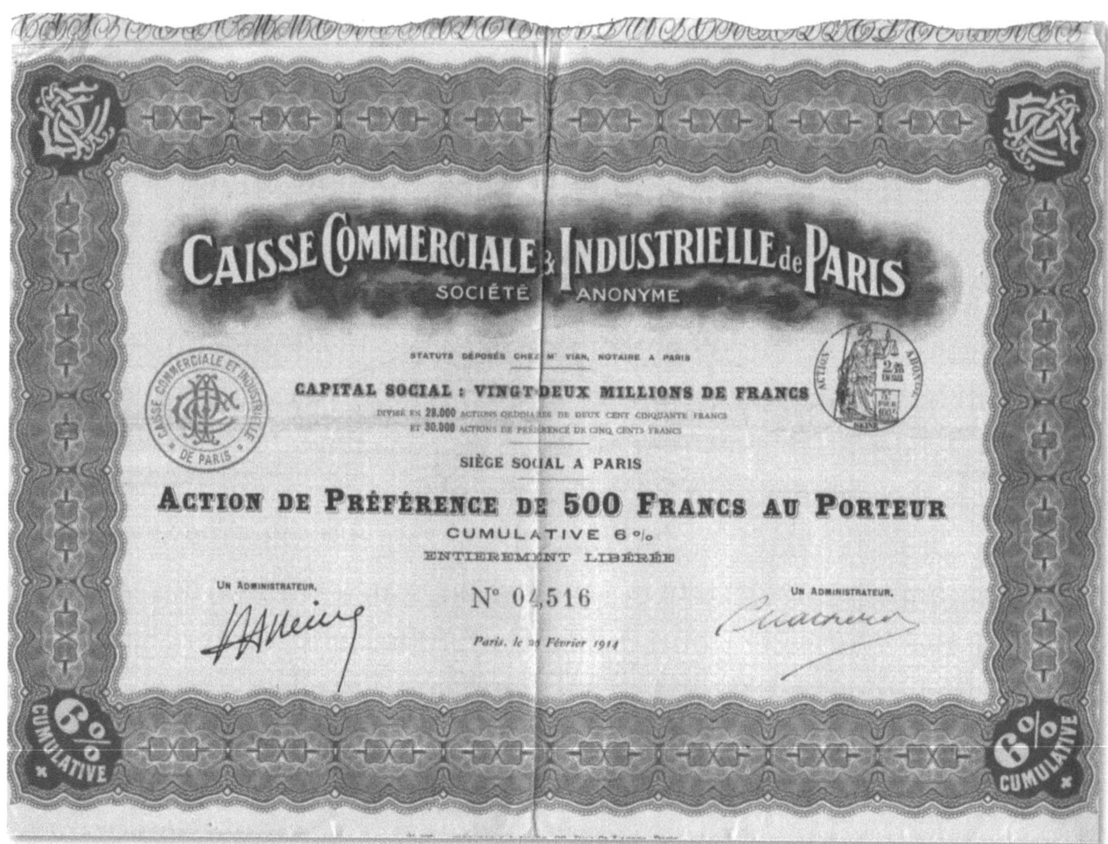

Eine Prioritätsaktie der Caisse Commerciale & Industrielle de Paris, 1914 (Braun/grün)

Im Jahr 1911 gründete Bouilloux-Lafont den «Crédit Foncier du Brésil» und die «Sud Américaine de Travaux Publics (SUDAM)». Seine Unternehmen bauten in Brasilien Häfen, Strassen, Eisenbahnen und Flughäfen, was ihn zu einem der grössten Industriellen des Landes machte. 1926 übernahm er die «Compagnie Générale d'Entreprises Aéronautiques» von Latécoère. Unter seiner Leitung entwickelte sich das Unternehmen zur bekannten «Société la Compagnie Générale Aéropostale», einer franco-südamerikanischen Luftfahrtgesellschaft mit einem riesigen Flugnetz von 17'000 Kilometern und 218 Flugzeugen zwischen Frankreich, Südamerika und Afrika.[72]

Bon F 500 6% der Compagnie Générale Aéropostale von 1928. Links unten, die Unterschrift von Bouilloux-Lafont als Président du Conseil d'administration. (Schwarz, Grün/gelb)

Bouilloux-Lafont gründete weitere südamerikanische Fluggesellschaften, darunter die Companhia Aeronautica Brazileira, Aeroposta Argentina, Aeropostal Uruguya und Aeroposta Venezolana. Er wurde damit der grösste Vorreiter der zivilen Luftfahrt in Südamerika. Der Börsenkrach von 1929 und die folgende Weltwirtschaftskrise trafen auch die Bouilloux-Lafont Gruppe hart. Ein Rettungspaket der französischen Regierung geriet in heftige politische Intrigen und wurde schliesslich vom Senat abgelehnt. Bouilloux-Lafont wurde verhaftet und wegen Betrugs und Veruntreuung angeklagt. Obwohl er später freigesprochen wurde, war sein Ruf ruiniert. Seine Aéropostale wurde im Jahr 1931 liquidiert. Der französische Staat übernahm mehrere ihrer Gesellschaften, die 1933 in die neugegründete „Air France" integriert wurden. Pierre Louis Bouilloux-Lafont starb 1944 in Rio de Janeiro. Er gilt heute als eine der wichtigsten Pioniere in der Geschichte der Luftfahrt.

---

[72] Bouilloux-Lafont war hier übrigens Vorgesetzter von **Antoine de Saint-Exupéry** (1900-1944), Pilot und Schriftsteller. Dessen märchenhafte Erzählung «Der kleine Prinz» 1930 gehört mit über 140 Millionen verkauften Exemplaren zu den erfolgreichsten Büchern der Welt.

Arnold Bühler – Ein Aescher Visionär mit beeindruckender Schaffenskraft

Arnold Gottlieb Bühler (1855-1937), geboren in Brienz als Sohn des Arztes Samuel Jakob Bühler, verbrachte seine Jugendjahre in Aeschi. Nach dem frühen Tod seines Vaters zog die Familie dorthin, wo seine Mutter einen Krämerladen führte. Trotz finanzieller Hürden und nach dem Besuch der Primar- und Sekundarschule, bildete sich Bühler autodidaktisch weiter, inklusive eines Sprachaufenthalts in Genf. Mit Zielstrebigkeit und Fleiss absolvierte er eine Gerichtsschreiberlehre in Burgdorf und schloss anschliessend sein rechtswissenschaftliches Studium an der Universität Bern ab, um schliesslich das Notariatspatent zu erwerben. Bis 1913 war er als Notar in Aeschi sowie als Verwalter der Ersparniskassen Aeschi und Frutigen tätig. Bühler entwickelte sich zu einem wahren Visionär und Initiator verschiedener Infrastrukturprojekte. Er war eine treibende Kraft hinter der Elektrifizierung des Berner Oberlands und dem Ausbau des regionalen Bahnnetzes. So gründete er 1894 das Elektrizitätswerk in Frutigen. Sein Engagement im Bahnwesen war beeindruckend: 1890 initiierte er die Thunerseebahn, 1898 folgte die Spiez-Frutigen-Bahn und 1906 die Lötschbergbahn. Besonders verbunden war er mit der Niesenbahn, bei der er 1904 nicht nur die Gründung vorantrieb, sondern auch erster Präsident der Direktion wurde. Über die Bahnen hinaus war er Mitbegründer der Vereinigten Kander- und Hagneckwerke AG (heute BKW) und der Kraftwerke Oberhasli (KWO). Er leitete von 1900 bis 1904 die Kanderkorrektion, die Verbauung diverser Wildbäche und die Aufforstung entlang der Lötschberglinie. Für seine Verdienste in der Technik verlieh ihm die Eidgenössische Polytechnische Hochschule 1935 den Ehrendoktortitel.

Als Mitglied der Freisinnigen Partei startete er seine politische Karriere 1878 im Gemeinderat von Aeschi, wo er ab 1881 auch das Amt des Gemeindepräsidenten übernahm. Von 1881 bis 1922 vertrat er seine Partei im Berner Grossen Rat und wirkte zudem von 1889 bis 1922 im Nationalrat. Bei den Schweizer Parlamentswahlen 1919 wurde er auf der Liste der BGB wiedergewählt, politisierte aber weiterhin in der FDP-Fraktion. Als eine der führenden Persönlichkeiten des Berner Freisinns spielte Arnold Gottlieb Bühler eine entscheidende Rolle bei der Entwicklung des Berner Oberlands. Ihm folgten seine Söhne und Enkel in viele seiner Ämter und Positionen. Damit begründete er eine eigentliche Familiendynastie, die in der Politik des Frutiglands bis heute vertreten ist.

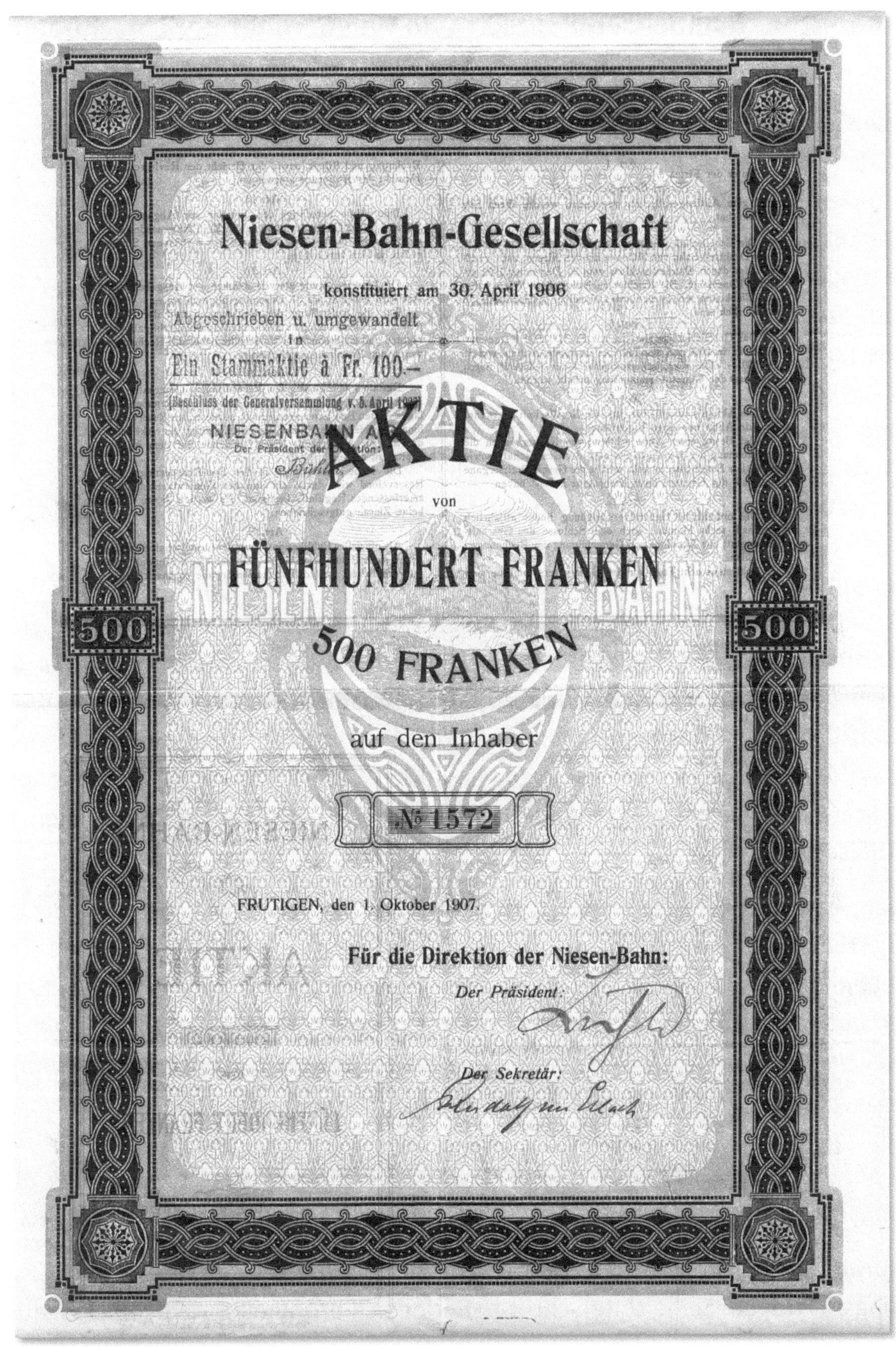

Niesen-Bahn-Gesellschaft, Aktie Fr. 500.-, Frutigen, 1. Oktober 1907. (Schwarz/grün) Mit Faksimileunterschriften von Arnold Gottlieb Bühler als Präsident und vom Spiezer Ingenieur Rudolf von Erlach (Initiant der Spiezer Verbindungsbahn) als Sekretär. Die Unterschrift von Bühler findet sich übrigens auch auf den Wertpapieren der Spiez-Frutigen-Bahn, siehe S. 33f.

Karl Könitzer - Baumeister, Politiker und Wegbereiter der Lötschbergbahn

Karl Könitzer (1854-1915) als Sohn eines Worber Baumeisters, war eine prägende Figur im Kanton Bern. Er verband technische Expertise mit politischem Geschick und setzte sich mit grosser Energie für die Entwicklung der kantonalen Infrastruktur ein, insbesondere für den Bau der Lötschbergbahn. Nach seinem Studium gründete Könitzer 1882 eine Baugesellschaft, welche zahlreiche private und öffentliche Bauten erstellte. Könitzers politische Laufbahn begann 1891 mit seiner Wahl in den Worber Gemeinderat, dessen Präsident er 1903 wurde. 1898 zog er als Vertreter der FDP in den Grossen Rat des Kantons Bern ein. Von 1905 bis 1915 amtierte er als Berner  Regierungsrat und hatte 1910/1911 das Amt des Regierungspräsidenten inne. Als Direktor kantonaler Bauten und Eisenbahnen förderte er massgeblich die Finanzierung der Berner Alpenbahn und des Grenchenbergtunnels. Zwischen 1906 und 1914 war er Mitglied des Direktionskomitees der Lötschbergbahn. Zusätzlich war er im Verwaltungsrat der Berner Kantonalbank, der Bernischen Hypothekarkasse, der Bernischen Kraftwerke BKW und der Rheinsalinen, sowie 1914 Präsident der Baukommission der Schweizerischen Landesausstellung. 1915 starb Karl Könitzer an den Folgen eines medizinischen Eingriffs.

Der Jahresbericht der BLS von 1914 schreibt über Könitzer «*ein Mann, der die ganze Macht seiner Persönlichkeit und seiner Arbeitskraft in den Dienst unserer Unternehmung stellte. Bei den grundlegenden Verhandlungen im Jahre 1906 wirkte er an erster Stelle mit, während der siebenjährigen Bauzeit bewährten sich sein praktischer, grosszügiger Blick und seine technische Begabung. Über alle Schwierigkeiten und Hindernisse hinweg führte er den Bau der Lötschbergbahn der Vollendung entgegen. Als es sich im Jahre 1912 darum handelte, dass der Kanton Bern die Zinsengarantie für die noch notwendigen Mittel übernehme, da war es wiederum Herr Könitzer, der als Regierungsrat den entsprechenden Gesetzesentwurf ausarbeitete und vertrat.*»

Es wurden einige Wertpapiere gefunden, die Karl Könitzers Unterschrift als Verwaltungsrat tragen. Seine Unterschrift befindet sich prominent auf allen Obligationen der Berner Alpenbahn aus dem Jahr 1912. Diese erhielten vom Grossen Rat des Kantons Bern durch Dekret vom 17. September 1912 die Staatsgarantie auf alle Zinsenzahlungen bis zur Rückzahlung der Anleihe. Könitzer hat in seiner Funktion als Berner Regierungsrat, bzw. als Finanzdirektor des Kantons Bern, in Faksimile unterzeichnet.

Emil Lohner-Ritschard - Brückenbauer und Modernisierer

Emil Lohner-Ritschard (1865-1959) wurde als Sohn eines Arztes in Thun geboren. Nach der Matura in Burgdorf begann Lohner 1883 mit dem Studium der Rechtswissenschaft in Bern. Er erhielt das Fürsprecher-Patent und war von 1889 bis 1890 Anwalt im Büro seines Schwiegervaters in Thun. Anschliessend war er von 1890 bis 1891 Leiter eines Rechtsbüros in Aarberg und von 1891 bis 1909 in Thun. Im Jahr 1897 wurde er in seiner Heimatstadt in den Gemeinderat gewählt und war von 1899 bis 1909 Gemeindepräsident. Von 1898 bis 1909 hatte er Einsitz im Grossen Rat des Kantons Bern und war von 1909 bis 1928 im Regierungsrat. Er stand zunächst dem Erziehungsdepartement vor und war danach ab 1918 Vorsteher des Justiz- und Militärdepartements. Zudem sass er von 1902 bis 1927 im Nationalrat. Lohner war bis Ende der 1920er Jahre ein führender Schweizer Freisinniger und während des Ersten Weltkriegs 1914 bis 1919 auch Parteipräsident. Im Jahr 1919 erlebte er eine Enttäuschung, als seine Kandidatur für den Bundesrat erfolglos blieb. Von 1915 bis 1927 war er im Verwaltungsrat der BLS und von 1923 bis 1927 dessen Präsident. Zusätzlich war er Verwaltungsratspräsident der Schweizerischen Mobiliar.

Lohner galt als Brückenbauer zwischen der Deutsch- und der Westschweiz und war massgeblich daran beteiligt, die parteiinternen Spannungen im Jahr 1919 zu bereinigen. Sein erstes politisches Engagement in Thun galt vor allem dem Schulwesen. Während seiner Zeit als Erziehungsdirektor war er verantwortlich für die Wiedereinführung des Maturitätsexamens sowie für eine bessere Besoldung der Primarlehrer. Als Justizdirektor vereinfachte er die Bezirksverwaltung und führte eine neue Strafprozessordnung sowie eine Jugendgerichtsbarkeit ein. Als Nationalrat setzte er sich für den Ausbau der bernischen Eisenbahnen sowie die Elektrifizierung der Schweizerischen Bundesbahnen ein. Er profilierte sich als Mitglied der Völkerbundskommission in der Aussenpolitik und vertrat von 1922 bis 1924 die Schweiz in der Abrüstungskommission und 1925 an der Genfer Waffenhandelskonferenz des Völkerbunds. Vom Bundesrat ernannt, war Lohner von 1928 bis 1935 Direktor des Zentralamts für Internationalen Eisenbahntransport. In der Schweizer Armee war er Oberst, 1934 wurde er Ehrendoktor der Medizin der Universität Bern.[73]

---

[73] Peter Stettler: Lohner, Emil. In: Historisches Lexikon der Schweiz und de.wikipedia.org/wiki/Emil_Lohner.

Niklaus C. Morgenthaler - Der Berner Eisenbahnpolitiker

Niklaus Morgenthaler (1853-1928) wurde in Ursenbach als Sohn eines Landwirts und Grossrats geboren. Nach den Schulen in Ursenbach und Kleindiet-
wil besuchte er 1869 das Collège in La Neuveville
und bestand im Jahr 1872 die Maturität. Von 1872
bis 1876 studierte er am Eidg. Polytechnikum. Von
1876 bis 1887 bekleidete er die Stelle als Konkor-
datsgeometer und als Ingenieur des Baubüros der
Emmental-Bahn. Er war von 1887 bis 1896 Direktor
der Langenthal-Huttwil-Bahn, von 1893 bis 1896
der Huttwil-Wolhusen-Bahn sowie von 1905 bis
1926 Direktor der Emmenthal-Burgdorf-Thun- und
der Solothurn-Moutier-Bahn.

Morgenthaler machte sich einen Namen als bernischer Eisenbahnpolitiker. Er war von
1880 bis 1884 freisinniger Berner Grossrat, von 1896 bis 1905 Regierungsrat und als
Vorsteher der Bau- und Eisenbahndirektion massgeblich an den Vorarbeiten für den
Bau der Lötschbergbahn, der Subventionierung der bernischen Dekretsbahnen und
dem Bau verschiedener Regionalbahnen beteiligt. Morgenthaler konnte am 21. Februar 1902 auch der Öffentlichkeit mitteilen, dass «die Berner Regierung sich nach
einem geeigneten Präsidenten umgesehen habe, und es sei gelungen sei, dafür Herrn
Nationalrat Hirter zu gewinnen. So habe man die Person mit den nötigen Eigenschaften
und dem nötigen Namen gefunden.»

Neben der Berner-Alpenbahngesellschaft war Morgenthaler auch im Verwaltungsrat
der Centralbahn, der SBB und der Bern-Neuenburg-Bahn. Von 1903 bis 1908 war er
Berner Ständerat. Er starb 1928 in Burgdorf.

*Rechts: Eisenbahngesellschaft Langenthal-Huttwil, Aktie Fr. 500.-, Huttwil, 1. Mai 1889.
(Schwarz/beige) Mit Faksimileunterschriften von Niklaus Morgenthaler als Präsident.*

ACTIE

№ 516

der

Eisenbahngesellschaft Langenthal-Huttwil

von

Fr. 500

(Emittirt laut Statuten vom 23. Oktober und 16. Dezember 1887.)

Gegenwärtige Actie im Nominalbetrage von Fünfhundert Franken ist auf den Inhaber gestellt und repräsentirt den verhältnissmässigen Antheil am Vermögen der Eisenbahngesellschaft Langenthal-Huttwil.

Der Eigenthümer dieser Actie geniesst alle Rechte und übernimmt alle Verpflichtungen, welche ihm laut Gesellschafts-Statuten zustehen.

HUTTWIL, den 1. Mai 1889.

Eisenbahngesellschaft Langenthal-Huttwil,

Für die Direction:

Der Präsident:

N. Morgenthaler

Der Vice-Präsident:

Gottf. Schmidt

Alfred H. Sarasin-Iselin - Bankier, Investor und Visionär

Alfred Sarasin-Iselin (1865-1953) war einer der wichtigsten Schweizer Bankiers und Politiker seiner Zeit, Mitbegründer der Sarasin & Cie., Politiker und seit 1924 Dr. h. c. der Univ. Basel. Sarasin-Iselin wurde im Frühjahr 1865 als Sohn des Unternehmers und Politikers Karl Sarasin in Basel geboren. Nach dem Abschluss seiner Lehre in der Bankfirma Frei und La Roche unternahm er verschiedene längere Aufenthalte im Ausland, wie Berlin und Florenz, sowie ein Volontariat bei Marcuard, Krauss & Cie. in Paris. 1888/9 arbeitete er im Bankhaus Iselin & Co in New York. Nach einer viermonatigen Reise durch Ägypten und Indien übernahm er im Jahre 1900 das 1841 gegründete Bankgeschäft von Fritz Riggenbach und gründete mit Arthur Streichenberg-Mylius die Kollektivgesellschaft A. Sarasin & Cie. Unter seiner Führung entwickelte sich die Bank Sarasin zu einer der bedeutendsten Privatbanken auf dem Schweizer Finanzplatz.

Sarasin war neben der Berner-Alpenbahn-Gesellschaft (1907-1915) in vielen anderen Verwaltungsräten von Schweizer Firmen vertreten, dies hauptsächlich bei Bahngesellschaften und in der Elektrizitätsindustrie. So beispielsweise bei der Schweizerischen Gesellschaft für elektrische Industrie, bzw. Indelec (1896-1927), der Schweizerischen Eisenbahnbank bzw. Schweizerischen Elektrizitäts- und Verkehrsgesellschaft (1900-1923), der Kraftwerke Brusio AG (1904-1953), der Bernina-Bahn (1905-1935), der Brown, Boveri & Cie. (1910-1946), der Motor Aktiengesellschaft für angewandte Elektrizität bzw. Motor Columbus Aktiengesellschaft für elektrische Unternehmungen (1919-1939), der Basler Lebens-Versicherungs-Gesellschaft (1922-1948), der Schweizerisch-Amerikanischen Elektrizitäts-Gesellschaft (1929-1942), der Georg Fischer AG (1929-1947) und der Bank für elektrische Unternehmungen bzw. Elektro-Watt (1930-1949). Von 1923 bis 1935 war er Mitglied des Bankrats der Schweizer Nationalbank und 1927-1935 dessen Präsident.

Sein Fachwissen war auch in verschiedensten Verbänden und Kommissionen geschätzt, wie der Basler Handelskammer, der Basler Missionsgesellschaft, der Schweizerischen Handelskammer, der Finanzkommission des Völkerbundes für Österreich (1922) und als Delegierter an der Internationalen Währungs- und Wirtschaftskonferenz in London (1933). Er war zwischen 1896 und 1908 als Mitglied der Liberalen Partei im Grossen Rat des Kanton Basel-Stadt vertreten.

Adolf von Steiger - Vom Stadtpräsidenten zum Bundeskanzler

Adolf von Steiger (1859-1925) studierte von 1878 bis 1883 Jura in Genf, Leipzig und Bern. Von 1884 bis 1893 war er Fürsprecher in Bern. 1891 wurde er Ersatzrichter und ab 1893 Oberrichter. Von 1900 bis 1918 war er Gemeinderat und später Stadtpräsident von Bern. Von 1900 bis 1917 als Radikaler Politiker Mitglied des Berner Grossen Rats und 1906 dessen Präsident und von 1908 bis 1918 Vertreter Berns im Ständerat, Präsident der Neutralitätskommission und der Kommission für die Eidgenössische Fabrikgesetzgebung. 1918 wurde er in der Bundeskanzlei Vizekanzler und amtete von 1919 bis zu seinem Tode 1925 als Bundeskanzler.

Prof. Dr. Friedrich Volmar – Der Eisenbahnbegeisterte Intellektuelle

Friedrich Volmar (1875-1945) besuchte die Schulen in Bern und studierte Rechtswissenschaft in Bern und München. Ab 1898 war er Fürsprecher in Bern und Ostermundigen und von 1909 bis 1915 als Verwaltungsrichter in Bern. Von 1913 bis 1920 Dozent und Professor für Verkehrsrecht und -politik an der Universität Bern, gab er zahlreiche Publikationen im Themenbereich Öffentlicher Verkehr heraus. Von 1900 bis 1920 war er im Gemeinderat von Bolligen und ab 1909 dessen Präsident. Im Jahr 1919 wechselte er vom Freisinn zur BGB und wirkte von 1920 bis 1926 als Berner Regierungsrat (Finanzdirektor). Volmar

war Mitbegründer der Bern-Worb-Bahnen und von 1926 bis 1945 Direktor der Berner Alpenbahn-Gesellschaft. Die wichtigen Sanierungen der Finanzen der BLS waren hauptsächlich sein Werk. Er gilt noch heute als einer der bedeutendsten bernischen Verkehrspolitiker. Volmar befürwortete schon in jungen Jahren den Staatsbahngedanken, förderte den Bau und Ausbau der BLS als Transitbahn und war massgeblich an deren Elektrifizierung beteiligt. 1935 führte er die BLS-Leichttriebzüge ein. Er war ab 1906 im Verwaltungsrat der Karton- und Papierfabrik Deisswil AG und 1932 Mitbegründer und Präsident des Schweizerischen Fremdenverkehrsverbands.

Eduard Will – Pionier der Elektrizitätswirtschaft

Eduard Will (1854-1927) machte eine Graveurlehre und war ab 1878 als Eisenwarenhändler in Nidau und Biel tätig. Er war 1898 Mitbegründer des Hagneckwerkes, von 1903 bis 1909 Direktor der Vereinigten Kander- und Hagneckwerke und anschliessend bis 1926 Direktor der daraus hervorgegangenen Bernischen Kraftwerke AG, dem wichtigen Elektrizitätslieferanten der Berner Alpenbahn-Gesellschaft. Von 1889 bis 1893 war Will Gemeinderat in Nidau und von 1887 bis 1909 Mitglied im Berner Grossen Rat (1909 Präsident). Für die Liberalen sass er von 1896 bis 1919 im Nationalrat. Will hatte hervorragenden Anteil am Ausbau des bernischen Kraftwerknetzes. Im Geiste Jakob Stämpflis suchte er den Einfluss des Staates auf die Wasserkraftnutzung zu wahren. Massgeblich am Bau der BLS und der Kraftwerke Oberhasli beteiligt, gehörte Will zu den führenden bernischen Wirtschaftspolitikern der Zeit.

Dr. Joh. F. Michel-Feiss - Anwalt, Politiker und Förderer des Tourismus

Michel Feiss (1856-1940) studierte Recht und Volkswirtschaft an den Universitäten Leipzig, Heidelberg und Strassburg und schloss als Dr. iur. ab. Ab 1882 übernahm er von seinem Vater die Führung eines Anwaltsbüros in Interlaken. Von 1898 bis 1910 war er Gemeindepräsident von Interlaken, von 1889 bis 1926 im Berner Grossrat, im Nationalrat für die FDP von 1902 bis 1919 und danach von 1920 bis 1922 für die BGB. Neben der Berner Alpenbahn-Gesellschaft war er Mitglied des Verwaltungsrats verschiedenster Bahn- und Schifffahrtsgesellschaften der Region Interlaken und im Vorstand diverser Fremdenverkehrsverbände, sowie Zentralpräsident des Schweizerischen Alpen-Club SAC.

Michel wollte ursprünglich eine verkehrsmässige Isolierung Interlakens durch das Lötschberg-Projekt vermeiden und hielt diesem das Projekt einer Bahn von Lauterbrunnen mit einem Tunnel durch das Breithorn entgegen. Michel war massgeblich an der Lancierung der sogenannten Kursaalinitiative von 1929 und jener betreffend Ausbau der Alpenstrassen von 1934 beteiligt. Im Weiteren war er ein Förderer der Brünigbahn und Oberst in der Militärjustiz. [74]

---

[74] Peter Stettler: "Michel, Johann Friedrich", in: Historisches Lexikon der Schweiz (HLS), Version vom 07.12.2007, online konsultiert am 20.10.2022.

Berner Kraftwerke AG, Aktie Fr. 500.-, Bern, 5. April 1909. (Braun/beige) Mit Faksimileunterschrift von Eduard Will.

Fridolin Mauderli - Der besorgte aber entscheidende Retter in grosser Not

Fridolin Mauderli (1847-1921) war Nachfolger von Daniel Hirter als Direktor der Berner Kantonalbank. In dieser Funktion war er im Verwaltungsrat der Thunersee Bahn und dann später auch der Berner Alpenbahn vertreten. Darüber hinaus engagierte er sich von 1906 bis 1921 auch im Bankrat der Schweizerischen Nationalbank. Besonders hervorzuheben ist Mauderlis Rolle bei der Finanzierung der BLS. In den Zeiten der grössten finanziellen Schwierigkeiten übernahm die Berner Kantonalbank unter seiner Leitung zunehmend weitere Wertpapiere der Bahn und ging damit ein nicht unerhebliches Risiko ein. Mauderlis Engagement war entscheidend für das Überleben und den weiteren Ausbau der Berner Alpenbahn. Volmar würdigt seine Verdienste mit den Worten:

«Der am 28. Februar 1921 verstorbene Kantonalbankdirektor Mauderli hatte sehr grosse Verdienste an der Nachfinanzierung der B. L. S. Er stellte die Mittel der Kantonalbank immer in sehr grosszügiger Weise zuerst der Thunersee Bahn und hernach der Lötschbergbahn zur Verfügung. Als im Jahre 1912 die 42-Millionen-Anleihe der B. L. S. zu scheitern drohte, übernahm unter seiner Leitung die Kantonalbank davon 20 Millionen, die noch heute in ihrem Besitze sind. Wenn die Lötschbergbahn einer Finanzkatastrophe entgehen wollte, so musste die Kantonalbank rettend eingreifen, was sie denn auch in weitherzigster Weise tat. So kam es, dass sie sich bei der B. L. S. stärker engagieren musste, als dies banktechnisch gegeben gewesen wäre. Diese Rettungsaktion verursachten der Kantonalbank und ihrem Direktor grosse Sorgen, die wahrscheinlich an dem unerwartet raschen Tode des Herrn Mauderli infolge eines Schlaganfalles nicht unschuldig sind. Der Tod ereilte ihn in einem Zuge der Lötschbergbahn.»

Unterschriftenliste der Verwaltungsratsmitglieder

Pierre Louis Marcel **Bouilloux-Lafont** * *(1871-1944)*		au Registre fédéral des hypothèques de chemins l, fol. 16 et 17, suivant autorisation du Conseil 23 avril 1907.
Arnold Gottlieb **Bühler** * *(1855-1937) (VR 1906-1920).* *Nationalrat, Gründer der Spiez-Frutigen Bahn, Frutigen*		*Namens des Ver...* Ein Mitglied — Un administrateur:
Léon **Buffet** *Industrieller, Präsident des Verwaltungs- rates der Industrie-, Kredit und Deposi- tengesellschaft, Nancy F*		nicht die Eintragung auf den Namen im Aktientitel bescheinigt ist.
Comte Rodolphe Pie **de Maistre** *Propriétaire, Eure, Frankreich*		
Albert **Descubes** *(1858-1927) Oberingenieur der französi- schen Ostbahnen, Erbauer Pariser Gare de l'Est, Paris, Frankreich.*		*bislang nicht gefunden*
G. **Gautier-Varinot** *(- 1922)* *Ingenieur, Paris, Frankreich*		*Un Administrateur: -*
Henri **Golliez** *(1861-1913) Ingenieur, Professor der Mi- neralogie, Gutachter für Jungfraubahn, Simplontunnel und Furkabahn, Lausanne*		*bislang nicht gefunden*
Karl **Könitzer** * *(1854-1915)* *Berner Regierungsrat*		
Gottfried **Kunz** * *(1859-1930)* *Berner Regierungsrat, BLS Direktionsprä- sident, I. Vizepräsident und später Präsi- dent des Verwaltungsrates, Bern.*		

Emil **Lohner** * *(1865-1959)* *Nationalrat, Berner Regierungsrat, 1923-27 BLS Verwaltungsratspräsident, Thun.*		 *d — Un administrateur:* Als VR von 1915-1923. Von 1923-1927 Präsident des VRs als Faksimile
J. **Loste** * *Bankier, J. Loste & Cie, später Ehrenpräsident des Crédit Français, Paris F.*		*bislang nicht gefunden*
Maraini *Deputierter, Rom*		
Fridolin **Mauderli** * *(1847-1921)* *Direktor der Kantonalbank von Bern, Bern*		 *... du Conseil d'administ...* *...dministrateur — Ein Mitglied:*
Dr. J. Friedrich **Michel-Feiss** * *(1856-1940) (VR 1906-1940)*		*bislang nicht gefunden*
Niklaus C. **Morgenthaler** * *Direktor Emmental-Bahn* *(1853-1928).*		
Casimir **Petit** *Secrétaire Général du Syndicat des Banques de Province en France, 1927 II. Vizepräsident des VR, Paris F.*		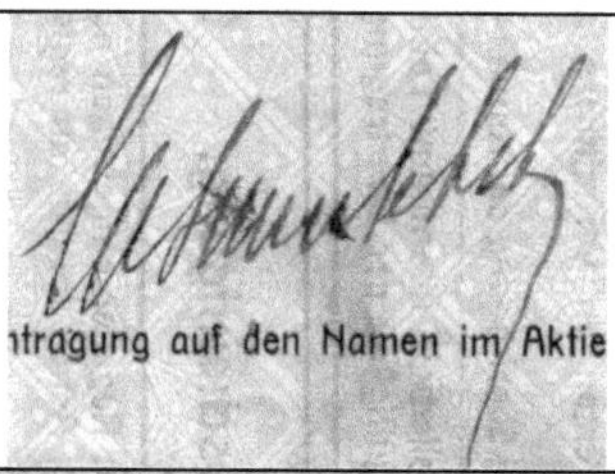 *...tragung auf den Namen im Aktie*
Ch. **Renauld** *Bankier, Gérant du Syndicat des Banques de Province en France, Paris F.*		 *Un Administrateur: — Ein Mitglied:*
Robert **Roesti** *Bankier, Montreux*		*bislang nicht gefunden*
Alfred H. **Sarasin** * *(1865-1953)* *Bankier, Basel*		
Schneider-Montandon *(1860-1916) Fabrikant, Vereinigte Drahtwerke Biel, VR BKW. Biel*		*bislang nicht gefunden*

Name	Portrait	Unterschrift
Adolf **von Steiger** * *(1859-1925) (VR 1906-1907)* *Berner Stadtpräsident, später Bundes-* *kanzler, Bern*		
H. **Studer** *Direktor Berner Oberland-Bahn und* *später BLS, Interlaken*		
Trachsel *Grossrat, Bern*		
Prof. Dr. Friedrich **Volmar** * *(1875-1945)* *Verwaltungsrichter, Professor, 1920-26* *Berner Regierungsrat, 1926-45 Direktor* *BLS*		*Unterschrift auf letzter Ausgabe der Prioritätsaktien von 1923 sowie auf den Genussscheinen von 1923.*
Eduard **Will** * *(1854-1927) (VR 1906-1917)* *Generaldirektor BKW, Bern*		
F. von Wurstemberger *Alt Grossrat und Burgerpräsident, Bern*		*bislang nicht gefunden*

Die Liste enthält alle bislang bekannten Mitglieder[75] des Verwaltungsrates, welche [wahrscheinlich] Wertschriften der Berner Alpenbahn-Gesellschaft unterzeichnet haben. Die mit einem * markierten Personen sind weiter vorne genauer vorgestellt.

---

[75] Sollten Sie Unterschriften von weiteren Verwaltungsratsmitglieder finden, senden Sie dem Autor bitte einen Scan dieser Unterschrift zusammen mit den Informationen über die Art und das Datum des betreffenden Wertpapieres: christen.historische.wertpapiere@gmail.com. Besten Dank.

Stammaktien

Die Stammaktien bildeten das Rückgrat der Berner Alpenbahn und spielten eine entscheidende Rolle bei der Gründung und der Kontrolle der Berner Alpenbahn. Sie hatten einen Wert von 500 Franken (Nominalwert). Es gab sie in zwei Formen: eine **1er Aktie**[76] (Nominalwert Fr. 500.-) und eine **10er Aktie**[77] (Nominalwert von 10 x Fr. 500.- bzw. Fr. 5000.-). Beide Zertifikate waren in Text und Druckbild weitgehend identisch. Der einzige Unterschied lag darin, dass der Text bei der 10er Aktie ausschliesslich in Deutsch und derjenige der 1er Aktie zweisprachig, in Deutsch und Französisch, gehalten war. Bei Gründung bzw. Zeichnung der Stammaktien waren 20 Prozent des nominalen Betrages der Aktie einzuzahlen. Vorerst wurden nur vorläufige Bescheinigungen (Interimsscheine[78]) ausgegeben, auf denen die einzelnen Teilzahlungen vermerkt waren. Erst nach der letzten Einzahlung am 1. August 1911 erhielten die Aktionäre die offiziellen Aktienzertifikate. Entsprechend trugen diese als Datum nicht das Jahr der **Gründung** der Gesellschaft, sondern das Jahr der **Ausgabe** des offiziellen Aktienzertifikates.

Die Stammaktien hatten bei der Gründung der Gesellschaft die Funktion von «Subventionsaktien». Die Berner Alpenbahn gab bei ihrer Gründung 42'560 Stammaktien aus, was ein Stammaktienkapital von 21'280'000 Franken bedeutete. Die notwendigen Zeichnungen war von den Bahninitianten mit Unterstützung der Berner Politik in den Jahren vor der Gründung der Bahn akribisch vorbereitet und geplant worden. 42'000 Aktien sollten im **Kanton Bern** platziert werden. Nur die restlichen 560 Aktien waren für die geplante Übernahme **Spiez-Frutigen-Bahn AG**[79] reserviert.

Würde sich der Kanton Bern in genügendem Masse an der Gründungsfinanzierung des Alpenbahnprojekts beteiligen? Es war der politische Willen der Bernischen Eliten, welche beschlossen hatten, dass die Alpenbahn gebaut werden musste. Entsprechend wurden in der Politik und in der staatstragenden freisinnigen Partei alle privaten und öffentlichen Ressourcen für die Gründungsfinanzierung freigegeben. Der Erfolg der Zeichnung der Stammaktien wurde zu einer erstaunlichen und ungewöhnlichen Manifestation der Berner Behörden und Bevölkerung für die Berner Alpenbahn. Sie war entscheidend, ohne diese Unterstützung wäre die Berner Alpenbahn sicher nie gebaut worden. Der grösste Teil der Stammaktien konnte durch die **öffentliche Hand** gezeichnet werden. Schon sehr viel früher, im Mai 1902, hatte das Berner Volk nämlich in einer

---

[76] Die Abbildung der 1er Aktie siehe nächste Seiten.

[77] Die Abbildung der 10er Aktie siehe erster Teil, Stammaktien. Beiden Aktien finden sich auch im 3. Teil.

[78] Interimsscheine auf Stammaktien sind uns nicht bekannt. Wahrscheinlich wurden im Jahr 1911 alle entwertet und vernichtet.

[79] Der Ankauf der «Spiez-Frutigen-Brig AG» und deren Konzession ist schon in den Statuten der Berner Alpenbahn-Gesellschaft (Art. 1 Abs. 2) festgelegt.

Abstimmung das Projekt einer Berner Alpenbahn begrüsst und gleichzeitig eine Subvention von **17.5 Mio. Franken** an das zu gründende Unternehmen bewilligt. Entsprechend konnte der **Kanton Bern** sofort mit **35'000 Stammaktien** über **82 Prozent** des Stammaktienkapitals übernehmen. Etwas schwieriger zu bewerkstelligen erwies sich die Zeichnung der restlichen **7'000 Stammaktien**, die von **bernischen Gemeinden** und **privaten Bahngesellschaften** aufgebracht werden sollten. Nach längeren politischen Diskussionen wurde schliesslich **jedem Kantonsteil eine bestimmte Aktienquote zugeteilt** und diese dann an die **einzelnen Gemeinden** verteilt. Die **Stadt Bern** übernahm dabei mit 2'000 Stammaktien den grössten Anteil. Mit dem Argument, dass die lokalen Eisenbahngesellschaften stark vom Bau der Berner Alpenbahn profitieren würden, forderte die Eisenbahndirektion des Kantons Bern die Verwaltungsräte der **zehn lokalen Eisenbahngesellschaften** zur Übernahme von Subventionsaktien auf. Diese kamen dem Aufruf nach. Die grössten Zeichner waren die Berner Oberland-Bahnen mit 600 Aktien, die linksufrige Thunersee Bahn mit 500 Aktien sowie die Burgdorf–Thun-Bahn und die Wengernalpbahn mit je 300 Aktien. Der kleine restliche Betrag wurde von lokalen Unternehmern übernommen.

Für die **Kontrolle der Gesellschaft** durch den Staat Bern waren diese Stammaktien entscheidend. Denn gemäss den Statuten der Berner Alpenbahn (Art. 14) war die maximale Stimmzahl pro Aktionär auf 5'000 Stimmen beschränkt. Davon ausgenommen waren nur die Subventionsaktien des Staates Bern. Diese Bestimmung garantierte dem Kanton Bern die Mehrheit in der Generalversammlung. Durch diese Regelung konnte er bei allen wichtigen Entscheidungen immer seine Interessen durchsetzen.

Der Untertitel auf der Stammaktie «Spiez-Frutigen-Brig – I. Emission» lässt vermuten, dass im Verlauf der Zeit noch weitere grössere Emissionen von Stammaktien geplant waren. Mit Ausnahme von zusätzlichen **12'000 Stammaktien** im Betrag von 6 Mio. Franken im Jahr 1909 zu Händen der französischen **«Chemin de Fer de l'Est»** für deren Beteiligung am Bau des Grenchenbergtunnels gab die Berner Alpenbahn-Gesellschaft in der Folge jedoch keine weiteren Stammaktien mehr aus. Das Stammaktienkapital der Berner Alpenbahn erreichte somit 1909 seine maximale Höhe bei 26'320'000 Franken. Bei der Reorganisation der Gesellschaft im Jahr 1923 wurde das Stammkapital um 50 Prozent abgeschrieben. Die Stammaktien wurden entsprechend abgestempelt und hatten nun einen nominalen Wert von Fr. 250.-. Die für die Beherrschung der Gesellschaft unabdingbare Stimmkraft der Stammaktien blieb unverändert.

Berner Alpenbahn-Gesellschaft
Compagnie du chemin de fer des Alpes bernoises
Berne-Lœtschberg-Simplon
Konstituiert den 27. Juli 1906
Constituée le 27 juillet 1906
Aktien-Kapital Fr. 50,600,000.—
Capital-actions Frs. 50,600,000.—
eingeteilt in
divisé en
Fr. 21,280,000.— Stammaktien und
Frs. 21,280,000.— actions ordinaires et
Fr. 29,320,000.— Prioritätsaktien
Frs. 29,320,000.— actions privilégiées
Fr. 500
Stammaktie — Action ordinaire
(Spiez-Frutigen-Brig · I. Emission · Spiez-Frutigen-Brigue)
№ 41164
von — de
Fünfhundert Franken — Cinq cents francs
voll einbezahlt. — entièrement versés.
BERN, den 1. August 1911.
BERNE, le 1 août 1911.
Berner Alpenbahn-Gesellschaft — Compagnie du chemin de fer des Alpes bernoises
Berne-Lœtschberg-Simplon
Namens des Verwaltungsrates — Au nom du Conseil d'administration
Ein Mitglied — Un administrateur:
Der Präsident — Le président:
Aktie auf den Inhaber, solange nicht die Eintragung auf den Namen im Aktientitel bescheinigt ist.
Cette action est au porteur, elle devient nominative par l'inscription certifiée sur le présent titre.
Aktien ungültig nach Fusion in BLS Lötschbergbahn AG Bern gemäss GV-Beschlüssen vom 18./19./20. Juni 1997.
Entw. Randoly Bern 1911.
Haller'sche Buchdruckerei A.-G. Bern
R. Henzi & Cie Bern Ph.-Chem.

Auszug aus den Statuten der Gesellschaft.

Art. 2. Der Sitz der Gesellschaft ist in Bern.

Art. 3. Die Dauer der Gesellschaft beträgt 80 Jahre, berechnet ab 23. Dezember 1891, vorausgesetzt, dass weder der Bund noch der Kanton Bern von dem ihnen konzessionsgemäss zustehenden Rückkaufsrecht vorher Gebrauch machen.

Art. 4. Das Aktienkapital beträgt Fr. 50,600,000. —. Dasselbe ist eingeteilt in:
    58,640 Prioritätsaktien zu Fr. 500. —,
    42,560 Stammaktien „ „ 500. —.

Ausser den ihnen nach Art. 37 zukommenden Vorzugsrechten geniessen die Prioritätsaktien für ihren Nominalwert ein Vorrecht an den Aktiven der Gesellschaft bis zu ihrer vollen Deckung.

Art. 5. Die Aktien lauten auf den Namen oder auf den Inhaber nach Wahl der Aktionäre; sie tragen die Unterschriften von zwei Mitgliedern des Verwaltungsrates; eine dieser Unterschriften kann jedoch in Faksimile beigesetzt werden. Die Aktien sind unteilbar und es anerkennt die Gesellschaft für jede Aktie nur einen Träger. Bis zu ihrer vollen Liberierung werden keine Aktien oder Interimsscheine auf den Inhaber ausgestellt, sondern nur provisorische Titel auf den Namen oder Namenaktien.

Nach erfolgter Volleinzahlung werden den Inhabern einer Mehrzahl Aktien für dieselben auf Verlangen Bescheinigungen ausgestellt werden, welche dem Namenaktionär oder dem Inhaber als Ausweis für die Ausübung der Rechte, die der in der Bescheinigung angegebenen Aktienzahl entsprechen, dienen sollen.

Die Aktientitel können der Gesellschaft unentgeltlich zur Aufbewahrung anvertraut werden.

Der Aktienbesitz schliesst von Rechtswegen für den Inhaber die Anerkennung der in Kraft bestehenden Gesellschaftsstatuten, sowie aller von den Gesellschaftsorganen innerhalb ihrer Kompetenzen gefassten Beschlüsse in sich.

Art. 6. Die Uebertragung der Inhaberaktien erfolgt durch die einfache Uebergabe des Titels, diejenige der Namenaktien gemäss Art. 637 des schweizerischen Obligationenrechts. Jeder Aktionär ist nur bis zur Höhe des Nominalbetrages der einzelnen Aktie verpflichtet.

Art. 8. Während der Bauperiode wird den Aktionären auf ihren Einzahlungen ein Zins von 4 % vergütet. Die den Stammaktien auffallenden Bauzinse werden in einen Spezialfonds gelegt. Derselbe dient zur Deckung der den Prioritätsaktien für die ersten zwei Betriebsjahre garantierten Minimaldividende von 4 %, soweit die Betriebsergebnisse zu deren Bestreitung nicht hinreichen sollten. Ein allfälliger, für diesen Zweck nicht in Anspruch genommener Saldo bleibt zur Verfügung der Generalversammlung.

Art. 13. Die ordnungsmässig einberufene und konstituierte Generalversammlung repräsentiert die Gesamtheit der Aktionäre. Sie ist ordnungsmässig konstituiert, welches auch die Zahl der anwesenden oder vertretenen Aktionäre sei; ihre Beschlüsse und Wahlen verpflichten sämtliche Aktionäre, wenn sie den Gesetzen und Statuten entsprechen; vorbehalten bleiben jedoch die Bestimmungen des Art. 627 des schweizerischen Obligationenrechts.

Art. 14. Jeder Aktionär ist berechtigt, an der Generalversammlung teilzunehmen, und jede Aktie gibt das Recht auf eine Stimme.

Der einzelne Aktionär darf nicht mehr als 5000 Stimmen auf sich vereinigen, sei es für eigene Rechnung oder als Vertreter anderer Aktionäre, und er kann auf keinen Fall über mehr als den fünften Teil der an der Versammlung vertretenen Stimmen verfügen. Diese Bestimmung findet jedoch auf die Subventionsaktien des Staates Bern keine Anwendung.

Art. 15. Die Aktionäre, welche an einer Generalversammlung teilnehmen wollen, haben sich in der vom Verwaltungsrat vorgeschriebenen Form wenigstens drei Tage vor dem Datum der Versammlung bei der Direktion über ihren Aktienbesitz auszuweisen. Jeder Aktionär kann sich durch einen andern Aktionär mittelst einer Vollmacht vertreten lassen, deren Wortlaut ebenfalls vom Verwaltungsrat festgestellt wird.

Die Aktionäre erhalten gegen ihren Aktienausweis eine auf die Person lautende Eintrittskarte.

Art. 16. Die ordentliche Generalversammlung findet alljährlich vor dem 1. Juli statt.

Ausserordentliche Generalversammlungen werden einberufen:

1. wenn der Verwaltungsrat es als notwendig erachtet;
2. wenn die Kontrollstelle es verlangt;
3. wenn einer oder mehrere Aktionäre, deren Aktien wenigstens den 10. Teil des einbezahlten Aktienkapitals ausmachen, es unter Angabe des Zwecks der Einberufung schriftlich verlangen.

Art. 37. Aus dem nach Dotierung des Erneuerungsfonds gemäss Art. 11 und folgende des vorzitierten Gesetzes vom 27. März 1896 und nach Speisung des Reservefonds verbleibenden Reingewinn wird in erster Linie an die Inhaber der Prioritätsaktien eine Dividende von $4^{1}/_{2}$ % des Nominalwertes und sodann an die Inhaber der Stammaktien eine Dividende von 4 % des Nominalwertes ausgerichtet. Ein allfälliger Ueberschuss wird gleichmässig auf sämtliche Aktien verteilt.

Art. 38. Die Auszahlung der Dividende erfolgt nach Genehmigung der Rechnungen durch die zuständigen Behörden und auf den vom Verwaltungsrat zu bestimmenden Zeitpunkt.

Art. 42. Alle die Gesellschaftsangelegenheiten betreffenden gerichtlichen Streitigkeiten, welche zwischen der Gesellschaft und ihren Organen, zwischen diesen Organen unter sich oder aber zwischen der Gesellschaft oder ihren Organen und einzelnen Aktionären entstehen könnten, werden gemäss den hierüber geltenden gesetzlichen Bestimmungen dem schweizerischen Bundesgericht zum Entscheid unterbreitet.

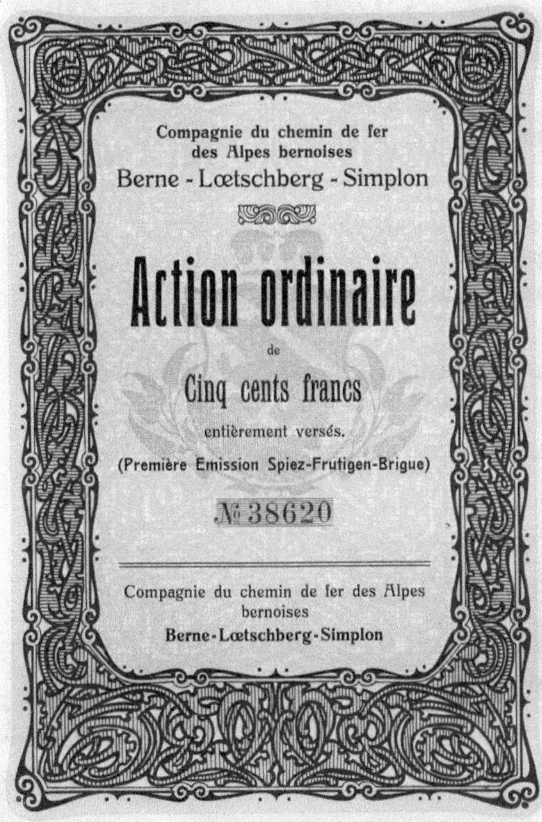

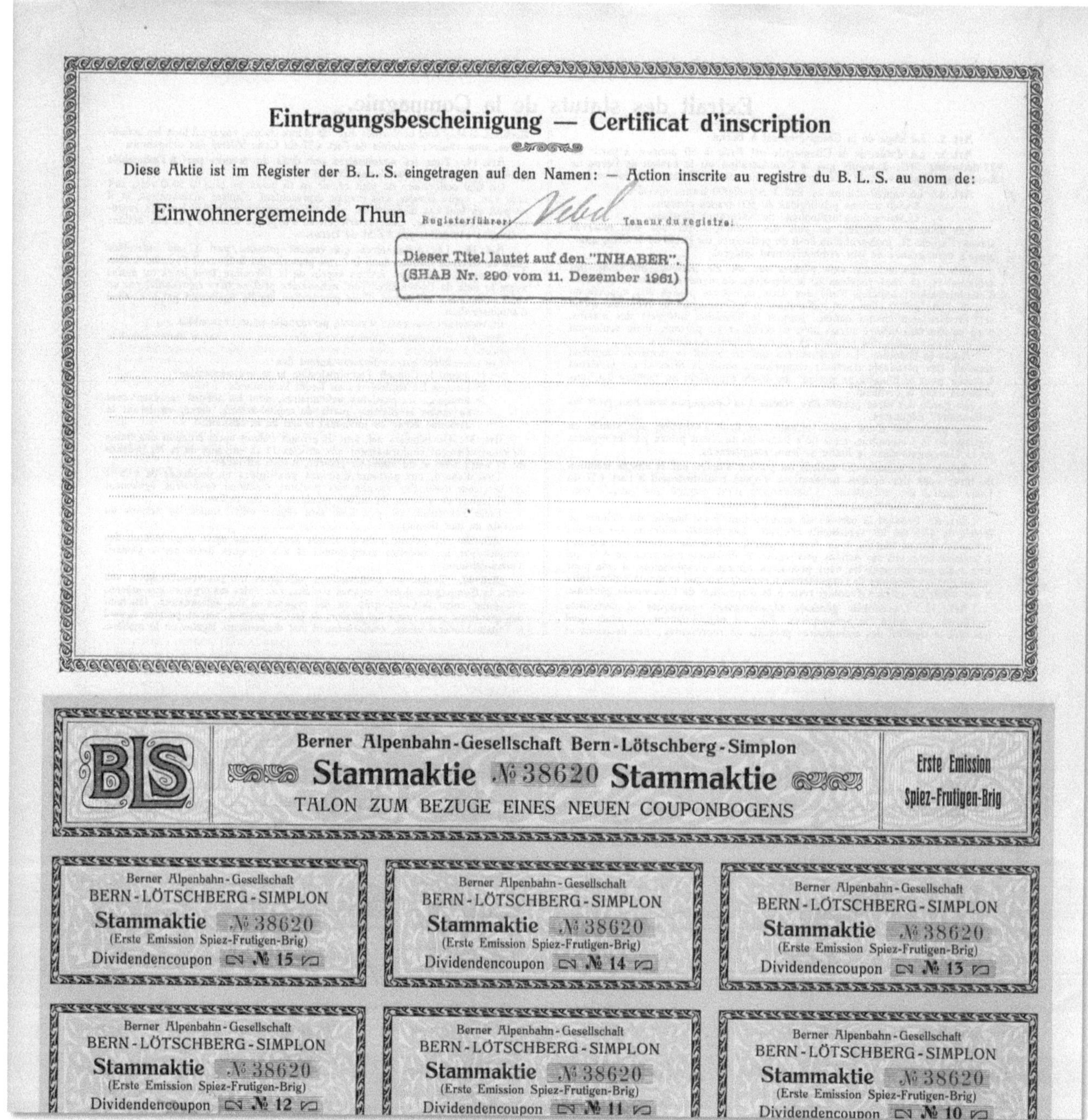

Gestaltungselemente der Stammaktie

Die dekorative Stammaktie (1 Aktie) der Berner Alpenbahn-Gesellschaft ist zweisprachig, links Deutsch und rechts Französisch. Sie hat eine grossformatige Dimension von 28.3 cm auf 40.2 cm. Umrahmt wird das Papier durch einen ungewöhnlich breiten Jugendstilrand mit üppigem Pflanzenmuster. Zusätzliche dekorative Elemente wie beispielsweise Vignetten fehlen. Eine weitere Dekoration der Aktie ist der Unterdruck im Zentrum der Aktie. Hier wird das Wappen des Kantons Bern dargestellt, darunter der Ausdruck «Bern-Lötschberg-Simplon».

108

Druck

Die Stammaktie wurde 1911 durch die traditionsreiche, im Jahr 1711 gegründete Haller'sche Buchdruckerei gedruckt. Sie ist auf dem unteren Rand des Aktienmantels in der Mitte angegeben.

Entworfen wurde das Druckbild von «Entw. Randolf, Bern 1911». Die Lithographie wurde erstellt durch das Unternehmen «R. Henzi & Co Bern, Ph-Chem».

Unterschriften

Unten rechts findet sich die Druckunterschrift (Faksimile) des Präsidenten des Verwaltungsrates, links davon die eigenhändige Unterschrift eines Mitglieds des Verwaltungsrates (im vorliegenden Beispiel von Gottfried Kunz (1859-1930)).

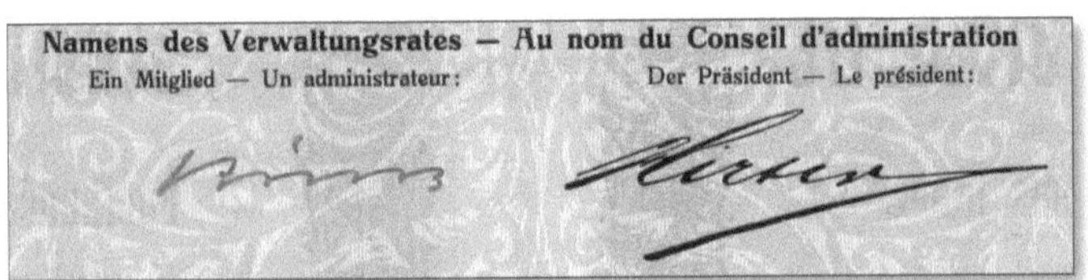

Abstempelungen

Sanierung 1923:

Mit der Sanierung im Jahr 1923 wird das Stammaktienkapital um 50 Prozent von 27.3 Mio. auf 13.6 Mio. Franken herabgesetzt. Zu diesem Zweck wird der Nominalwert der Stammaktien von Fr. 500.- auf Fr. 250.- reduziert. Dokumentiert wird dies durch einen roten Stempel in deutscher und französischer Sprache.

Text des Stempels:

Nennwert herabgesetzt auf Fr. 250.-, gemäss Beschluss der Aktionärsversammlung vom 27. Dezember 1921. Abgabefrei gemäss Entscheidung der eidg. Steuerverwaltung vom 16. August 1923, No. 19138.

Fusion in BLS Lötschbergbahn AG 1997:

Bei der Fusion mit der BLS Lötschbergbahn wurde die Aktie der Berner Alpenbahn-Gesellschaft in ein Aktienzertifikat der neuen BLS Lötschbergbahn AG Bern umgetauscht. Die Stammaktie der Berner Alpenbahn-Gesellschaft wurde ungültig. Der Umtausch wird mit diesem Ungültigkeitsstempel festgehalten.

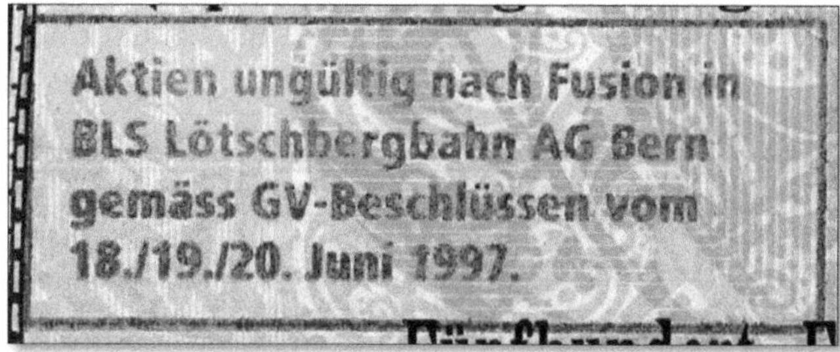

Text des Stempels:

Aktien ungültig nach Fusion in
BLS Lötschbergbahn AG Bern
gemäss GV-Beschlüssen vom
18./19./20. Juni 1997.

Die Rückseite des Aktienmantels enthält einen Auszug der für die Stammaktie wichtigsten Artikel aus den Statuten der Gesellschaft. Darunter zwei Frontblätter, sowohl auf Französisch (links) als auch auf Deutsch (rechts). Diese haben denselben dekorativen Rahmen wie der Mantel, sowie, im Unterdruck, das Berner Wappen mit Krone.

Berner Wappen im Unterdruck

Bogen

Auf dem Bogen oben befindet sich das Formular der Eintragsbescheinigung der Aktie in das Gesellschaftsregister, im vorliegenden Beispiel der Einwohnergemeinde Thun mit der Unterschrift des Registerführers.

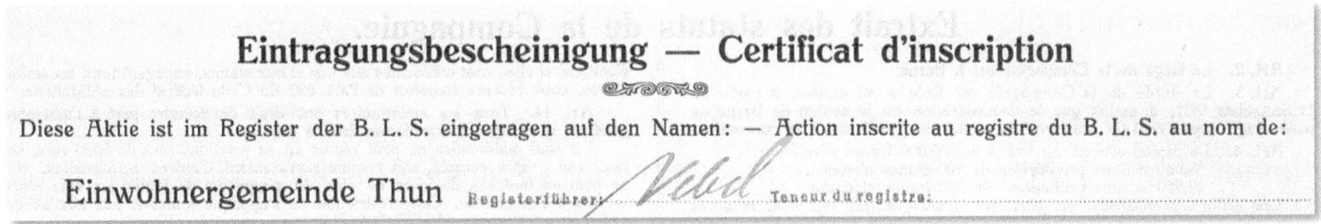

Gesellschaftsregister - Eintragungsbescheinigung

Rückwandlung aller Namenaktien in Stammaktien 1961

Sofern Aktien als Namentitel im Aktienregister eingetragen waren, wurden sie im Jahr 1961 wieder in Inhabertitel abgeändert. Sie erhielten einen roten Stempel als Bestätigung dieser Umwandlung.

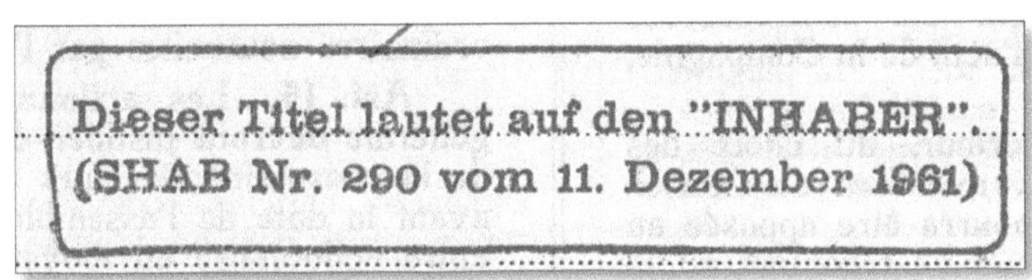

Stempel Rückführung in Inhabertitel 1961

Unten auf dem Bogen die einzelnen Coupons (15 Stück) für den Bezug der Dividende.

Coupon der Stammaktie

Darüber der Talon zum Bezuge eines neuen Couponbogens, nachdem der letzte Coupon eingelöst worden ist.

Talon der Stammaktie

Prioritätsaktien

Die Emission von Prioritätsaktien war ein wichtiger Bestandteil der Finanzierungs-
strategie der Berner Alpenbahn. Sie ermöglichte es dem Unternehmen, das notwendige Kapital von Investoren für den Bau der Lötschbergbahn zu beschaffen, während
der Kanton Bern die Kontrolle über das Unternehmen behalten konnte. Die Prioritätsaktien waren für das grössere Publikum vorgesehen. Schon bei Gründung der Gesellschaft war das Prioritätsaktienkapital mit 24 Millionen Franken um 3 Millionen Franken
höher als das Stammaktienkapital mit 21 Millionen Franken. Die Prioritätsaktien boten
im Vergleich zu Stammaktien für Investoren einige Vorteile: «Während der Bauperiode
wird den Aktionären auf ihren Einzahlungen ein Zins von 4% vergütet. Die den Stammaktien auffallenden Bauzinsen werden in einen Spezialfonds gelegt. Derselbe dient zur
**Deckung der den Prioritätsaktien für die ersten zwei Betriebsjahre garantierten
Minimaldividende von 4%**, soweit die Betriebsergebnisse zur Deckung nicht aus-
reichen sollten.» (Art. 8 Statuten). Noch wichtiger war der Vorrang in der Dividenden-
ausschüttung: «Der Reingewinn wird in erster Linie an die Inhaber der Prioritätsaktien
eine **Dividende von 4½% des Nominalwertes** und dann an die Inhaber der Stammaktien eine Dividende von 4% des Nominalwertes ausgeschüttet. Ein allfälliger Überschuss wird gleichmässig auf sämtliche Aktien verteilt.» (Art. 37 Statuten).

Prioritätsaktien Fr. 500.-

	Zweck	Jahr	Anzahl	Franken
I.	Gründungsausgabe	1906	48'000	24'000'000
II.	Übernahme Spiez-Frutigen-Bahn	1907	4'640	2'320'000
III.	Grenchenbergtunnel	1908	14'000	7'000'000
IV.	Übernahme Thunerseebahn	1912	10'000	5'000'000
V.	Erste Sanierung	1923	30'975	15'487'500

Buchdruckerei Stämpfli & Cie

Die Prioritätsaktien wurden in fünf Tranchen zwischen 1906 und 1923 ausgegeben, wobei jede Emission einem bestimmten Finanzierungszweck diente. Neben der Gründer-
ausgabe 1906 zur Finanzierung des Baus des Lötschbergtunnels dienten weiterer Emissionen der Übernahme der Vorgängerbahn «Spiez-Frutigen» 1907, dem Bau des Grenchenbergtunnels 1908 und der Übernahme der Thunerseebahn 1912. Die spätere,
fünfte und letzte Ausgabe im Jahr 1923 erfolgte zur notwendig gewordenen ersten
Sanierung der Gesellschaft.

BERNER-ALPENBAHN-GESELLSCHAFT
BERN-LÖTSCHBERG-SIMPLON
konstituiert den 27. Juli 1906.
Aktienkapital Fr. 45,000,000. —
eingeteilt in Fr. 21,000,000 Stammaktien und Fr. 24,000,000 Prioritätsaktien.
Prioritäts-Aktie
von
FÜNFHUNDERT FRANKEN
voll einbezahlt.
BERN, den 27. Juli 1906.
Berner-Alpenbahn-Gesellschaft
BERN-LOTSCHBERG-SIMPLON
Aktie auf den Inhaber, solange nicht die Eintragung auf den Namen im Aktientitel bescheinigt ist.
Fr. 500
N° 39057
COMPAGNIE DU CHEMIN DE FER DES ALPES BERNOISES
BERNE-LŒTSCHBERG-SIMPLON
constituée le 27 juillet 1906.
Capital-actions Frs. 45,000,000. —
divisés en frs. 21,000,000 actions ordinaires et frs. 24,000,000 actions privilégiées.
Action privilégiée
de
CINQ CENTS FRANCS
entièrement versés.
BERNE, le 27 juillet 1906.
Compagnie du Chemin de fer des Alpes Bernoises
BERNE-LŒTSCHBERG-SIMPLON
Namens des Verwaltungsrates — Au nom du Conseil d'Administration
Ein Mitglied — Un administrateur:
Der Präsident — Le Président:
Cette action est au porteur; elle devient nominative par l'inscription certifiée au verso du présent titre.
500

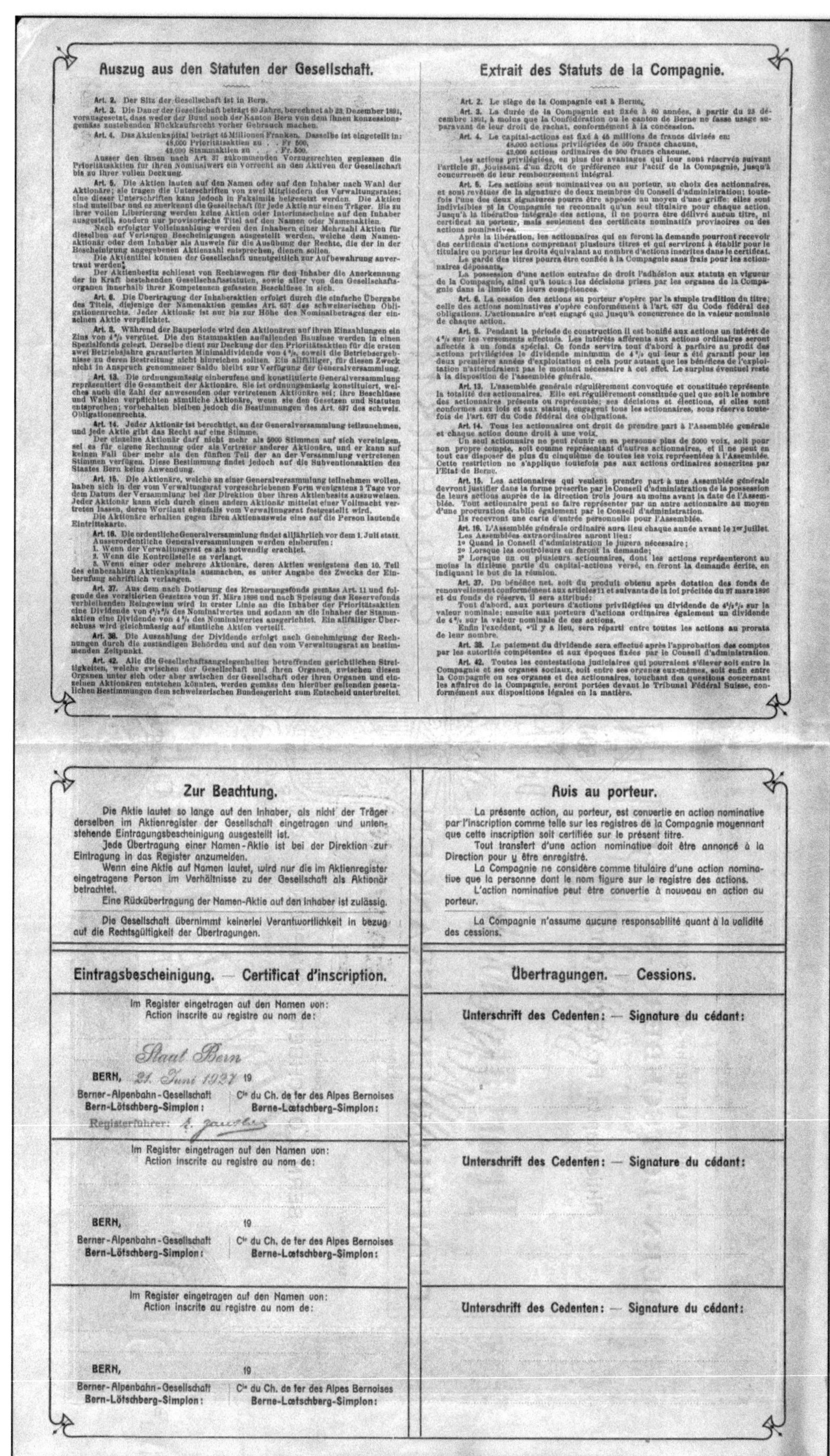

Auszug aus den Statuten der Gesellschaft.

Art. 2. Der Sitz der Gesellschaft ist in Bern.

Art. 3. Die Dauer der Gesellschaft beträgt 80 Jahre, berechnet ab 23. Dezember 1891, vorausgesetzt, dass weder der Bund noch der Kanton Bern von dem ihnen konzessionsgemäss zustehenden Rückkaufsrecht vorher Gebrauch machen.

Art. 4. Das Aktienkapital beträgt 45 Millionen Franken. Dasselbe ist eingeteilt in:
48,000 Prioritätsaktien zu . . Fr. 500,
42,000 Stammaktien zu . . . Fr. 500.

Ausser den ihnen nach Art. 37 zukommenden Vorzugsrechten geniessen die Prioritätsaktien für ihren Nominalwert ein Vorrecht an den Aktiven der Gesellschaft bis zu ihrer vollen Deckung.

Art. 5. Die Aktien lauten auf den Namen oder auf den Inhaber nach Wahl der Aktionäre; sie tragen die Unterschriften von zwei Mitgliedern des Verwaltungsrates; eine dieser Unterschriften kann jedoch in Faksimile beigesetzt werden. Die Aktien sind unteilbar und es anerkennt die Gesellschaft für jede Aktie nur einen Träger. Bis zu ihrer vollen Liberierung werden keine Aktien oder Interimsscheine auf den Inhaber ausgestellt, sondern nur provisorische Titel auf den Namen oder Namenaktien.

Nach erfolgter Volleinzahlung werden den Inhabern einer Mehrzahl Aktien für dieselben auf Verlangen Bescheinigungen ausgestellt werden, welche dem Namenaktionär oder dem Inhaber als Ausweis für die Ausübung der Rechte, die der in der Bescheinigung angegebenen Aktienzahl entsprechen, dienen sollen.

Die Aktientitel können der Gesellschaft unentgeltlich zur Aufbewahrung anvertraut werden;

Der Aktienbesitz schliesst von Rechtswegen für den Inhaber die Anerkennung der in Kraft bestehenden Gesellschaftsstatuten, sowie aller von den Gesellschaftsorganen innerhalb ihrer Kompetenzen gefassten Beschlüsse in sich.

Art. 6. Die Übertragung der Inhaberaktien erfolgt durch die einfache Übergabe des Titels, diejenige der Namenaktien gemäss Art. 637 des schweizerischen Obligationenrechts. Jeder Aktionär ist nur bis zur Höhe des Nominalbetrages der einzelnen Aktie verpflichtet.

Art. 8. Während der Bauperiode wird den Aktionären auf ihren Einzahlungen ein Zins von 4% vergütet. Die den Stammaktien anfallenden Bauzinse werden in einen Spezialfonds gelegt. Derselbe dient zur Deckung der den Prioritätsaktien für die ersten zwei Betriebsjahre garantierten Minimaldividende von 4%, soweit die Betriebsergebnisse zu deren Bestreitung nicht hinreichen sollten. Ein allfälliger, für diesen Zweck nicht in Anspruch genommener Saldo bleibt zur Verfügung der Generalversammlung.

Art. 13. Die ordnungsmässig einberufene und konstituierte Generalversammlung repräsentiert die Gesamtheit der Aktionäre. Sie ist ordnungsmässig konstituiert, welches auch die Zahl der anwesenden oder vertretenen Aktionäre sei; ihre Beschlüsse und Wahlen verpflichten sämtliche Aktionäre, wenn sie den Gesetzen und Statuten entsprechen; vorbehalten bleiben jedoch die Bestimmungen des Art. 627 des schweiz. Obligationenrechts.

Art. 14. Jeder Aktionär ist berechtigt, an der Generalversammlung teilzunehmen, und jede Aktie gibt das Recht auf eine Stimme.

Der einzelne Aktionär darf nicht mehr als 5000 Stimmen auf sich vereinigen, sei es für eigene Rechnung oder als Vertreter anderer Aktionäre, und er kann auf keinen Fall über mehr als den fünften Teil der an der Versammlung vertretenen Stimmen verfügen. Diese Bestimmung findet jedoch auf die Subventionsaktien des Staates Bern keine Anwendung.

Art. 15. Die Aktionäre, welche an einer Generalversammlung teilnehmen wollen, haben sich in der vom Verwaltungsrat vorgeschriebenen Form wenigstens 3 Tage vor dem Datum der Versammlung bei der Direktion über ihren Aktienbesitz auszuweisen. Jeder Aktionär kann sich durch einen andern Aktionär mittelst einer Vollmacht vertreten lassen, deren Wortlaut ebenfalls vom Verwaltungsrat festgestellt wird.

Die Aktionäre erhalten gegen ihren Aktienausweis eine auf die Person lautende Eintrittskarte.

Art. 16. Die ordentliche Generalversammlung findet alljährlich vor dem 1. Juli statt. Ausserordentliche Generalversammlungen werden einberufen:
1. Wenn der Verwaltungsrat es als notwendig erachtet.
2. Wenn die Kontrollstelle es verlangt.
3. Wenn einer oder mehrere Aktionäre, deren Aktien wenigstens den 10. Teil des einbezahlten Aktienkapitals ausmachen, es unter Angabe des Zwecks der Einberufung schriftlich verlangen.

Art. 37. Aus dem nach Dotierung des Erneuerungsfonds gemäss Art. 11 und folgende des vorzitierten Gesetzes vom 27. März 1896 und nach Speisung des Reservefonds verbleibenden Reingewinn wird in erster Linie an die Inhaber der Prioritätsaktien eine Dividende von 4½% des Nominalwertes und sodann an die Inhaber der Stammaktien eine Dividende von 4% des Nominalwertes ausgerichtet. Ein allfälliger Überschuss wird gleichmässig auf sämtliche Aktien verteilt.

Art. 38. Die Auszahlung der Dividende erfolgt nach Genehmigung der Rechnungen durch die zuständigen Behörden und auf den vom Verwaltungsrat zu bestimmenden Zeitpunkt.

Art. 42. Alle die Gesellschaftsangelegenheiten betreffenden gerichtlichen Streitigkeiten, welche zwischen der Gesellschaft und ihren Organen, zwischen diesen Organen unter sich oder aber zwischen der Gesellschaft oder ihren Organen und einzelnen Aktionären entstehen könnten, werden gemäss den hierüber geltenden gesetzlichen Bestimmungen dem schweizerischen Bundesgericht zum Entscheid unterbreitet.

Extrait des Statuts de la Compagnie.

Art. 2. Le siège de la Compagnie est à Berne.

Art. 3. La durée de la Compagnie est fixée à 80 années, à partir du 23 décembre 1891, à moins que la Confédération ou le canton de Berne ne fasse usage auparavant de leur droit de rachat, conformément à la concession.

Art. 4. Le capital-actions est fixé à 45 millions de francs divisés en:
48,000 actions privilégiées de 500 francs chacune,
42,000 actions ordinaires de 500 francs chacune.

Les actions privilégiées, en plus des avantages qui leur sont réservés suivant l'article 37, jouissent d'un droit de préférence sur l'actif de la Compagnie, jusqu'à concurrence de leur remboursement intégral.

Art. 5. Les actions sont nominatives ou au porteur, au choix des actionnaires, et sont revêtues de la signature de deux membres du Conseil d'administration; toutefois l'une des deux signatures pourra être apposée au moyen d'une griffe; elles sont indivisibles et la Compagnie ne reconnaît qu'un seul titulaire pour chaque action. Jusqu'à la libération intégrale des actions, il ne pourra être délivré aucun titre, ni certificat au porteur, mais seulement des certificats nominatifs provisoires ou des actions nominatives.

Après la libération, les actionnaires qui en feront la demande pourront recevoir des certificats d'actions comprenant plusieurs titres et qui serviront à établir pour le titulaire ou porteur les droits équivalant au nombre d'actions inscrites dans le certificat.

La garde des titres pourra être confiée à la Compagnie sans frais pour les actionnaires déposants.

La possession d'une action entraîne de droit l'adhésion aux statuts en vigueur de la Compagnie, ainsi qu'à toutes les décisions prises par les organes de la Compagnie dans la limite de leurs compétences.

Art. 6. La cession des actions au porteur s'opère par la simple tradition du titre; celle des actions nominatives s'opère conformément à l'art. 637 du Code fédéral des obligations. L'actionnaire n'est engagé que jusqu'à concurrence de la valeur nominale de chaque action.

Art. 8. Pendant la période de construction il est bonifié aux actions un intérêt de 4% sur les versements effectués. Les intérêts afférents aux actions ordinaires seront affectés à un fonds spécial. Ce fonds servira tout d'abord à parfaire au profit des actions privilégiées le dividende minimum de 4% qui leur a été garanti pour les deux premières années d'exploitation et cela pour autant que les bénéfices de l'exploitation n'atteindraient pas le montant nécessaire à cet effet. Le surplus éventuel reste à la disposition de l'assemblée générale.

Art. 13. L'assemblée générale régulièrement convoquée et constituée représente la totalité des actionnaires. Elle est régulièrement constituée quel que soit le nombre des actionnaires présents ou représentés; ses décisions et élections, si elles sont conformes aux lois et aux statuts, engagent tous les actionnaires, sous réserve toutefois de l'art. 627 du Code fédéral des obligations.

Art. 14. Tous les actionnaires ont droit de prendre part à l'Assemblée générale et chaque action donne droit à une voix.

Un seul actionnaire ne peut réunir en sa personne plus de 5000 voix, soit pour son propre compte, soit comme représentant d'autres actionnaires, et il ne peut en tout cas disposer de plus du cinquième de toutes les voix représentées à l'Assemblée. Cette restriction ne s'applique toutefois pas aux actions ordinaires souscrites par l'Etat de Berne.

Art. 15. Les actionnaires qui veulent prendre part à une Assemblée générale devront justifier dans la forme prescrite par le Conseil d'administration de la possession de leurs actions auprès de la direction trois jours au moins avant la date de l'Assemblée. Tout actionnaire peut se faire représenter par un autre actionnaire au moyen d'une procuration établie également par le Conseil d'administration.

Ils recevront une carte d'entrée personnelle pour l'Assemblée.

Art. 16. L'Assemblée générale ordinaire aura lieu chaque année avant le 1er juillet. Les Assemblées extraordinaires auront lieu:
1° Quand le Conseil d'administration le jugera nécessaire;
2° Lorsque les contrôleurs en feront la demande;
3° Lorsque un ou plusieurs actionnaires, dont les actions représenteront au moins la dixième partie du capital-actions versé, en feront la demande écrite, en indiquant le but de la réunion.

Art. 37. Du bénéfice net, soit du produit obtenu après dotation des fonds de renouvellement conformément aux articles 11 et suivants de la loi précitée du 27 mars 1896 et du fonds de réserve, il sera attribué:

Tout d'abord, aux porteurs d'actions privilégiées un dividende de 4½% sur la valeur nominale; ensuite aux porteurs d'actions ordinaires également un dividende de 4% sur la valeur nominale de ces actions.

Enfin l'excédent, s'il y a lieu, sera réparti entre toutes les actions au prorata de leur nombre.

Art. 38. Le paiement du dividende sera effectué après l'approbation des comptes par les autorités compétentes et aux époques fixées par le Conseil d'administration.

Art. 42. Toutes les contestations judiciaires qui pourraient s'élever soit entre la Compagnie et ses organes sociaux, soit entre ses organes eux-mêmes, soit enfin entre la Compagnie ou ses organes et des actionnaires, touchant des questions concernant les affaires de la Compagnie, seront portées devant le Tribunal Fédéral Suisse, conformément aux dispositions légales en la matière.

Zur Beachtung.

Die Aktie lautet so lange auf den Inhaber, als nicht der Träger derselben im Aktienregister der Gesellschaft eingetragen und untenstehende Eintragungsbescheinigung ausgestellt ist.

Jede Übertragung einer Namen-Aktie ist bei der Direktion zur Eintragung in das Register anzumelden.

Wenn eine Aktie auf Namen lautet, wird nur die im Aktienregister eingetragene Person im Verhältnisse zu der Gesellschaft als Aktionär betrachtet.

Eine Rückübertragung der Namen-Aktie auf den Inhaber ist zulässig.

Die Gesellschaft übernimmt keinerlei Verantwortlichkeit in bezug auf die Rechtsgültigkeit der Übertragungen.

Avis au porteur.

La présente action, au porteur, est convertie en action nominative par l'inscription comme telle sur les registres de la Compagnie moyennant que cette inscription soit certifiée sur le présent titre.

Tout transfert d'une action nominative doit être annoncé à la Direction pour y être enregistré.

La Compagnie ne considère comme titulaire d'une action nominative que la personne dont le nom figure sur le registre des actions.

L'action nominative peut être convertie à nouveau en action au porteur.

La Compagnie n'assume aucune responsabilité quant à la validité des cessions.

Eintragsbescheinigung. — Certificat d'inscription.

Im Register eingetragen auf den Namen von:
Action inscrite au registre au nom de:

Staat Bern

BERN, 21. Juni 1927 19

Berner-Alpenbahn-Gesellschaft — Cie du Ch. de fer des Alpes Bernoises
Bern-Lötschberg-Simplon: — Berne-Lœtschberg-Simplon:

Registerführer:

Im Register eingetragen auf den Namen von:
Action inscrite au registre au nom de:

BERN, 19

Berner-Alpenbahn-Gesellschaft — Cie du Ch. de fer des Alpes Bernoises
Bern-Lötschberg-Simplon: — Berne-Lœtschberg-Simplon:

Im Register eingetragen auf den Namen von:
Action inscrite au registre au nom de:

BERN, 19

Berner-Alpenbahn-Gesellschaft — Cie du Ch. de fer des Alpes Bernoises
Bern-Lötschberg-Simplon: — Berne-Lœtschberg-Simplon:

Übertragungen. — Cessions.

Unterschrift des Cedenten: — Signature du cédant:

Unterschrift des Cedenten: — Signature du cédant:

Unterschrift des Cedenten: — Signature du cédant:

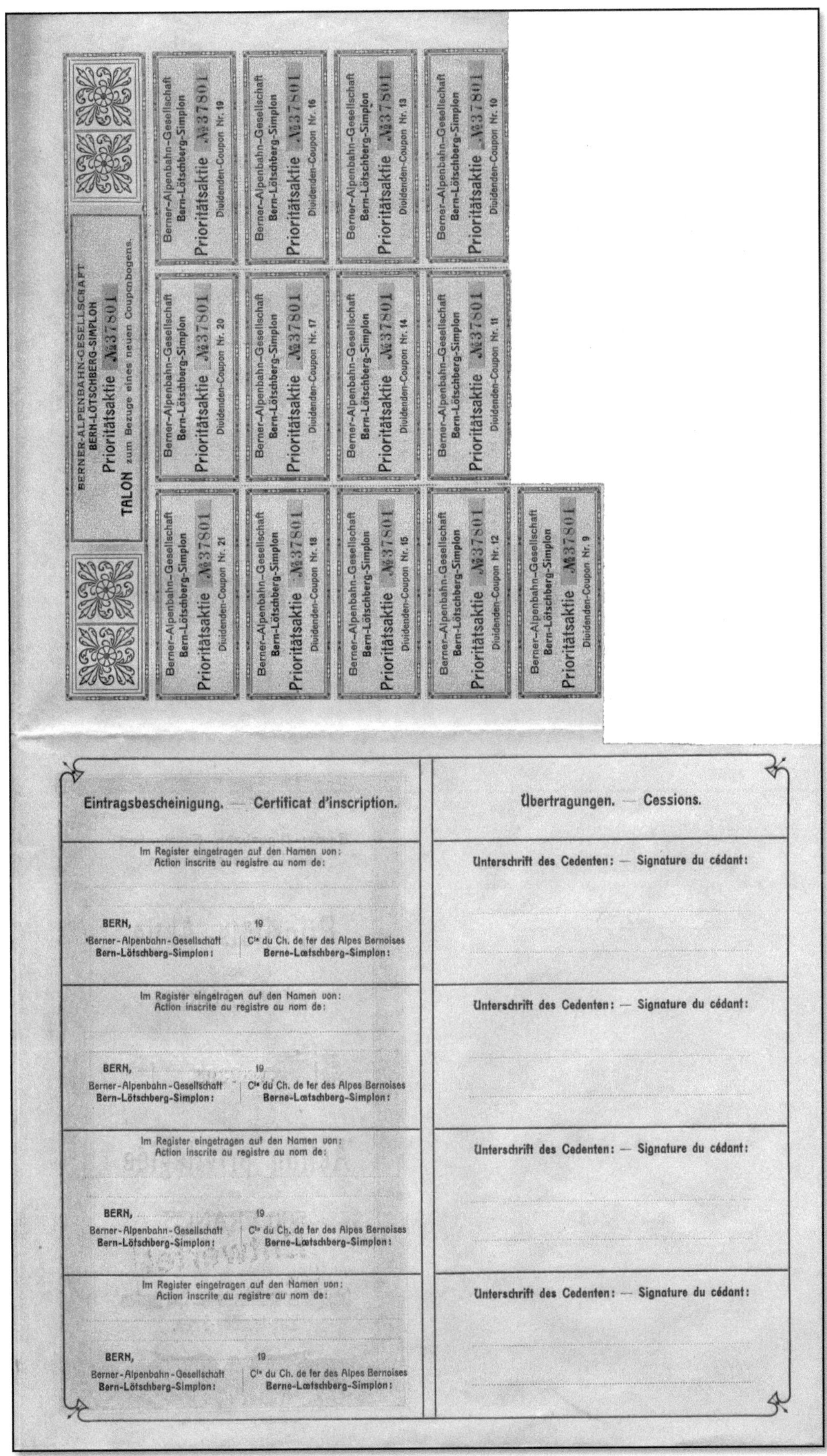

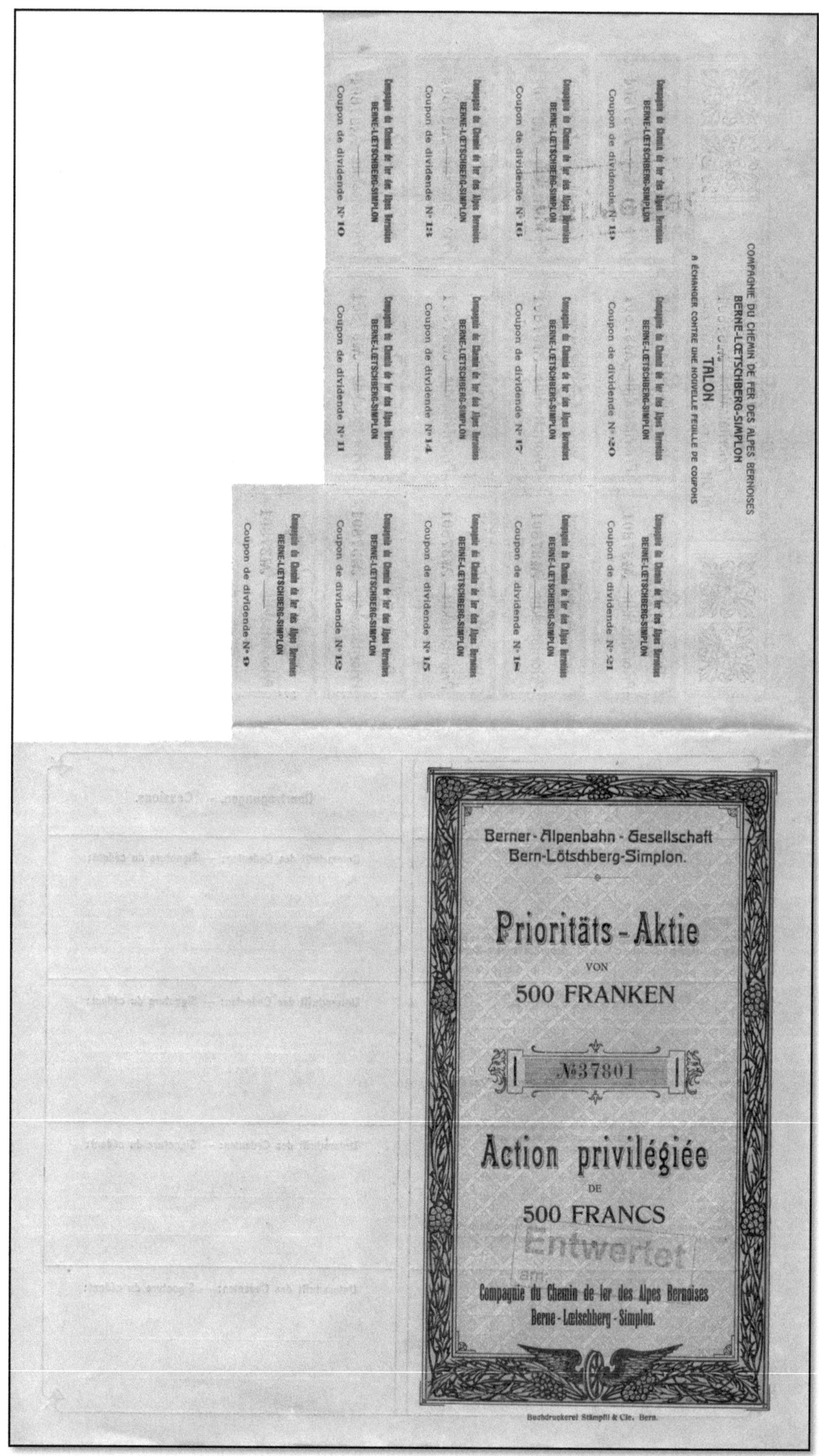
COMPAGNIE DU CHEMIN DE FER DES ALPES BERNOISES
BERNE-LŒTSCHBERG-SIMPLON

TALON
À ÉCHANGER CONTRE UNE NOUVELLE FEUILLE DE COUPONS

Coupon de dividende N° 10
Coupon de dividende N° 13
Coupon de dividende N° 16
Coupon de dividende N° 19
Coupon de dividende N° 11
Coupon de dividende N° 14
Coupon de dividende N° 17
Coupon de dividende N° 20
Coupon de dividende N° 12
Coupon de dividende N° 15
Coupon de dividende N° 18
Coupon de dividende N° 21

Berner · Alpenbahn · Gesellschaft
Bern-Lötschberg-Simplon.

Prioritäts - Aktie
VON
500 FRANKEN

N° 37801

Action privilégiée
DE
500 FRANCS

Entwertet

Compagnie du Chemin de fer des Alpes Bernoises
Berne - Lœtschberg - Simplon.

Buchdruckerei Stämpfli & Cie. Bern.

Druck

Gedruckt wurde diese prächtige, grossformatige Prioritätsaktie mit der Dimension von 45 cm auf 26 cm durch die «Buchdruckerei Stämpfli & Cie., Bern» (Siehe auch Seite **Fehler! Textmarke nicht definiert.**). Die Druckerei verrechnete der Gesellschaft pro Exemplar rund 19 Rappen.[80]

Buchdruckerei Stämpfli & Cie. Bern.

Die Gestaltung des Druckbildes ist bei allen Ausgaben der Prioritätsaktien identisch. Benutzt wurden die Farben Schwarz und Grün. Es wechseln nur die Angaben wie Datum und aktuelles Aktienkapital. Der äussere Rahmen ist grün, bei einigen Exemplaren leicht rosa. Die einzelnen Ausgaben variieren leicht im Ton der benutzten Farbe. Sogar innerhalb der gleichen Emission sind leichte Unterschiede zu erkennen. Besonders im ersten Druck wurde die Farbe Rosa ausgiebig im äussersten Rand und als Aufhellung in der Vignette eingesetzt. Diese muss sich aber nicht bewährt haben. Denn bei vielen Stücken ist diese rosa Farbe verwischt. Danach fand sie nur noch geringe Verwendung. Von den fünf Ausgaben weicht bloss die Prioritätsaktie von 1923 stärker von den vorhergehenden Stücken ab. Sie hat ein leicht anderes Schriftbild.

Unterschriften

Unten rechts findet sich die Faksimileunterschrift des Präsidenten des Verwaltungsrates. Bei den ersten vier Ausgaben ist dies Daniel Hirter, bei der fünften Ausgabe von 1923 Emil Lohner. Links davon, die Originalunterschrift eines Mitgliedes des Verwaltungsrates.

Unterschrift Daniel Hirter 1.- 4. Ausgabe (links) und Unterschrift Emil Lochner 5. Ausgabe (rechts).

Darstellungen und Vignetten

Die Prioritätsaktie zeigt einen breiten Jugendstilrahmen reich verziert mit rankenden Pflanzen. Darin eingelegt, oben in der Mitte, eine Vignette mit Abbildung des Blüemlisalpmassivs und Öschibach gesehen von der Allmenalp / Kandersteg. Je nach Druckexemplar können die drei Berge leicht weiss oder rosa aufgehellt sein.

---

[80] Gemäss Offerte für die II. Emission von Stämpfli & Cie. vom 14. August 1911 mit «feinstem Titelpapier mit speziellem Wasserzeichen, fortlaufend nummeriert auf dreifarbigem Druck» (Quelle BLS).

Vignette Blüemlisalpmassiv und Öschibach. Links: mit weisser Aufhellung (oben), rechts: mit zusätzlicher Rosa Farbe und den Farbverwischungen.

Ganz unten rechts auf der Prioritätsaktie findet sich eine (nur schwer entzifferbare) kleine Signatur des Künstlers «Grob.06.»

 Prioritätsaktie – Künstlersignatur

In der Mitte unten eine Vignette mit den Buchstaben «BLS» (*a*), in den Ecken unten, eingelegt zwei grosse mit je einem Edelweiss geschmückten Medaillen mit der Zahl 500 (*b*), in den Ecken oben und neben der «BLS» Vignette vier kleinere Medaillen ebenfalls mit der Zahl 500 (*c*).

a)   *b)*   *c)*   *d)*

Prominent, in der Mitte, befindet sich ein aufs Eck gestelltes Quadrat mit der Inschrift «Fr. 500», darunter die fünfstellige Aktiennummer (*d*), im Unterdruck, nur schwer erkennbar, ein grosses, geflügeltes Eisenbahnrad, ein Kassettenmuster und der Schriftzug «Bern-Lötschberg-Simplon».

Abstempelungen

Die Ausgabe von 1923 erhält zusätzlich einen eingedruckten Stempel, betreffend den Erlass der Stempelabgabe durch die eidgenössische Steuerverwaltung.

Stempelabgabe	Droit de timbre remis
durch Verfügung der eidgenössischen Steuerverwaltung vom 16. August 1923, Nr. 19,138, erlassen.	suivant décision de l'Administration fédérale des contributions du 16 août 1923, n° 19,138.

Nachlassvertrag 1923: Die vor 1923 ausgegebenen Prioritätsaktien, d.h. die Ausgaben eins bis vier, erhielten links einen grossen roten Stempel, auf Deutsch und Französisch betreffend erste Sanierung und Nachlassvertrag.

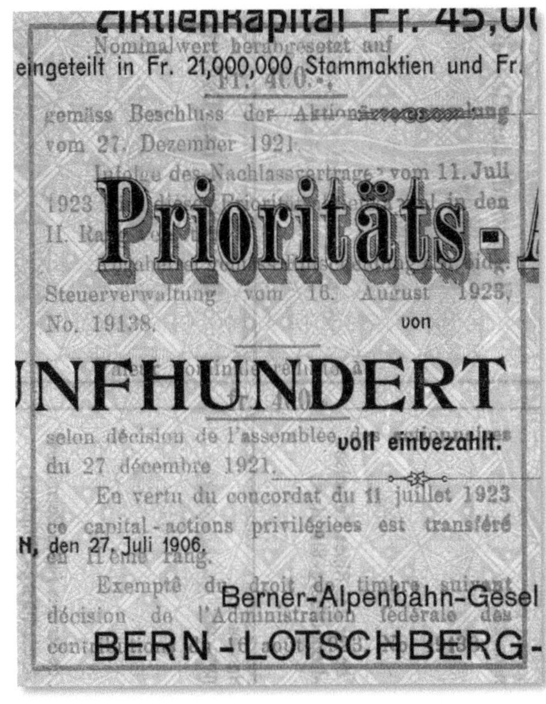

Text des Stempels:

Nominalwert herabgesetzt auf
Fr. 400.-,
gemäss Beschluss der
Aktionärsversammlung
vom 27. Dezember 1921.

Infolge Nachlassvertrag vom 11. Juli
1923 werden die Prioritätsaktien in den
II. Rang versetzt.

Abgabefrei gemäss Entscheidung der eidg.
Steuerverwaltung vom 16. August 1923,
No. 19138.

Fusion in BLS Lötschbergbahn AG 1997:

Im Jahr 1997 erhalten die Prioritätsaktien noch einen zweiten, schwarzen Stempel, ebenfalls auf Deutsch und Französisch. Dieser betrifft die Ungültigkeitserklärung dieser Prioritätsaktien nach der Fusion in die BLS Lötschbergbahn.

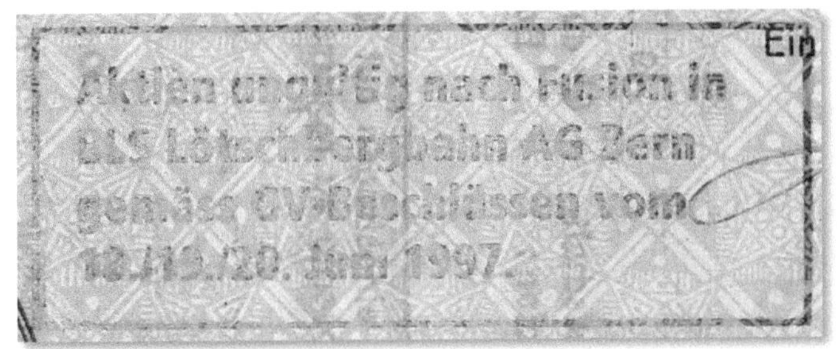

Text des Stempels:

Aktie ungültig nach Fusion in
BLS Lötschbergbahn AG Bern
gemäss GV-Beschlüssen vom
18./19./20. Juni 1997.

Rückseite des Aktienmantels

Hinten auf dem Mantel findet sich der «Auszug aus den Statuten der Gesellschaft», sowie sieben vorgedruckte Eintragungsbescheinigungen, dazu die Information, dass die Aktie nur so lange auf den Inhaber lautet, als nicht der Träger derselben im Aktienregister der Gesellschaft eingetragen und untenstehende Eintragungsbescheinigung ausgestellt ist. Diese Information findet sich auch vorn auf dem Mantel.

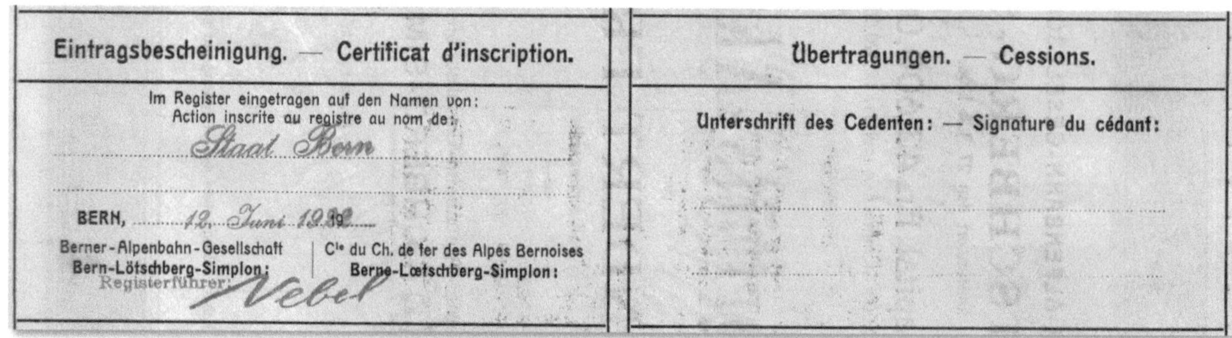

Prioritätsaktie - Eintragsbescheinigung.

Der vorliegende Titel wurde 1922 auf den Staat Bern eingetragen und wurde damit gleichzeitig zur Namenaktie. Der Eintrag ins Aktienregister der Gesellschaft wurde durch den Registerführer mit seinem Stempel bestätigt.

Aktienbogen

Auf der Vorderseite des Aktienbogens befinden sich die Dividenden-Coupons und
der Talon. Die Coupons berechtigen zum
Bezug der (jährlichen) Dividende. Bei der
Gründeraktie sind 21 Coupons angeheftet.
Bei der späteren Emission ist die Anzahl 
der Coupons entsprechend reduziert, d.h. die Coupon Nummern, welche schon ausbe-
zahlt sind, sind nicht mehr gedruckt. Wenn alle Coupons ausbezahlt worden sind, kann
mittels des Talons (unten) ein neuer Couponbogen bezogen werden.

Talon – Berechtigungsschein zum Bezug eines neuen Couponbogens.

Revers (Deckblatt)

Auf der Hinterseite des Aktienbogens findet sich schliesslich noch der Revers. Es bildet das oberste Blatt der Prioritätsaktie, sofern diese zusammengefaltet wird. Es enthält nochmals die wichtigsten Informationen der Prioritätsaktie. Der Revers ist in der Gestaltung dem Aktienmantel nachempfunden. Unten im Rahmen befindet sich das dekorative geflügelte Rad, das auch im Mantel im Unterdruck zu sehen ist.

Der Revers der Prioritätsaktie

Genussscheine

Es wurden insgesamt 4'185 Genussscheine begeben. Sie tragen alle die Faksimileunterschrift des Präsidenten des Verwaltungsrates, Emil Lohner, sowie die Originalunterschrift von einem Mitglied des Verwaltungsrates (im vorliegenden Beispiel Friedrich Volmar).

Gemäss Schweizer Obligationenrecht können Genussscheine nur Personen erhalten, die bereits mit dem Unternehmen verbunden sind, beispielsweise Aktionäre, Gläubiger oder Arbeitnehmer. (Art. 657 OR). Sie dürfen nicht gegen eine Kapitaleinlage ausgestellt werden. Sie können einen Anspruch auf einen Anteil des Bilanzgewinnes, einen Anteil des Liquidationserlöses oder auf den Bezug neuer Aktien verleihen, nicht aber andere Rechte wie beispielsweise das Stimmrecht.

Die Berner Alpenbahn-Gesellschaft emittierte 1923 die ersten (und einzigen) Genussscheine anlässlich der ersten Sanierung der Gesellschaft. Sie waren die Lösung für das folgende Problem: Da für fünf Obligationen, bei denen Zinszahlungen ausstehend waren, je eine Prioritätsaktie 1. Rang von Fr. 500.- abgegeben wurde, stellte sich nun die Frage, was für kleinere Obligationenpositionen unter fünf geschehen sollte.

Die Lösung war die Abgabe dieser Genussscheine mit einem Nennwert von Fr. 100.- pro Obligation.[81] Die Genussscheine wurden bei «Bolliger & Eicher, Bern» gedruckt. Sie sind im Gegensatz zu den Aktien und Obligationen auf qualitätsmässig weniger hochstehendem Papier gedruckt. Die Farbe ist ein einfaches Braun. Die Genussscheine bestehen, wie die Aktien und Obligationen, ebenfalls aus zwei Papieren, dem Mantel und dem Bogen.

Der Bogen enthält 21 Dividenden Coupon (rechts) und einen Talon zum Bezuge eines neuen Couponsbogens (unten).

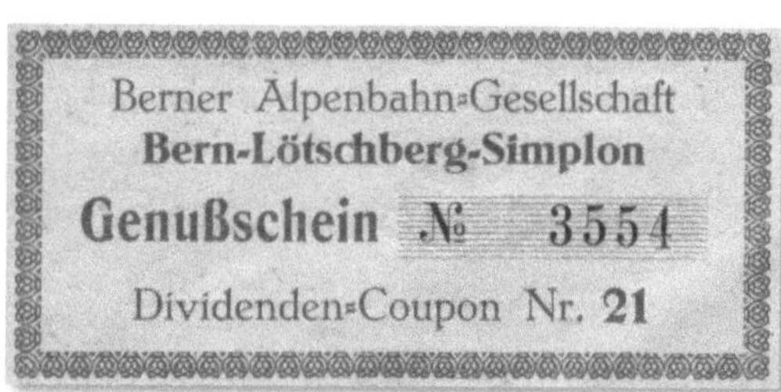

---

[81] Nach heutigem Obligationenrecht (Art. 657 Abs. 3 OR) dürfen Genussscheine keinen Nennwert mehr haben.

Berner Alpenbahn-Gesellschaft Bern-Lötschberg-Simplon
(gegründet den 27. Juli 1906)
Aktienkapital Fr. 59,783,500.—
eingeteilt in Fr. 13,640,000 Stammaktien, Fr. 15,487,500 Prioritätsaktien I. Ranges und Genußscheine,
sowie Fr. 30,656,000 Prioritätsaktien II. Ranges

GENUSS-SCHEIN
von
Hundert Franken
voll einbezahlt

Den Genußscheinen kommen hinsichtlich Anteil am Reingewinn und Vermögen der Gesellschaft im Liquidationsfalle
die gleichen Rechte zu wie den neuen Prioritätsaktien I. Ranges; dagegen besitzen sie kein Stimmrecht.

Stempelabgabe durch Verfügung der
eidg. Steuerverwaltung vom 16. August 1923,
Nr. 19138, erlassen.

No 1327

Droit de timbre remis suivant décision
de l'Administration fédérale des contributions
du 16 août 1923, No 19138.

Compagnie du Chemin de fer des Alpes bernoises Berne-Lœtschberg-Simplon
(constituée le 27 juillet 1906)
Capital-actions Fr. 59,783,500.—
divisé en fr. 13,640,000 actions ordinaires, fr. 15,487,500 actions privilégiées en Ier rang et bons de jouissance
et fr. 30,656,000 actions privilégiées en IIe rang

Bon de jouissance
de
Cent Francs
entièrement versés

Les bons de jouissance possèdent, en ce qui concerne la participation au bénéfice net et à la fortune de la
Compagnie en cas de liquidation, les mêmes droits que les nouvelles actions privilégiées en Ier rang,
sauf qu'ils n'ont pas le droit de vote.

Bern, den 11. Juli 1923.

Berne, le 11 juillet 1923.

Berner Alpenbahn-Gesellschaft
Bern - Lötschberg - Simplon

Compagnie du Chemin de fer des Alpes bernoises
Berne-Lœtschberg-Simplon

Namens des Verwaltungsrates,
Au nom du Conseil d'administration,

Ein Mitglied:
Un administrateur:

Der Präsident:
Le président:

Aktien ungültig nach Fusion in BLS Lötschbergbahn AG Bern gemäss GV-Beschlüssen vom 18./19./20. Juni 1997.

BOLLIGER & EICHER, BERN

Genussschein Fr. 100.-, Bern, 11. Juli 1923

Obligationen

Artikel 10 der Statuten der Berner Alpenbahn-Gesellschaft besagt, dass die zum Bau und Betrieb notwendigen Kapitalien, insoweit sie das Aktienkapital von 45 Mio. Franken übersteigen, durch Anleihen zu beschaffen sind. Entsprechend besorgte sich die Gesellschaft schon von Beginn an Kapital durch Fremdfinanzierung in Form von Anleihen.

Seit den frühesten Ursprüngen des Eisenbahnwesens hatte sich bei Gründung bzw. Bau von neuen Eisenbahnen eine goldene Finanzierungsregel derart eingebürgert, dass eine Bahn mindestens mit 50 Prozent Eigenkapital (Aktien) bzw. maximal mit 50 Prozent Fremdkapital (Obligationen) finanziert werden sollte.

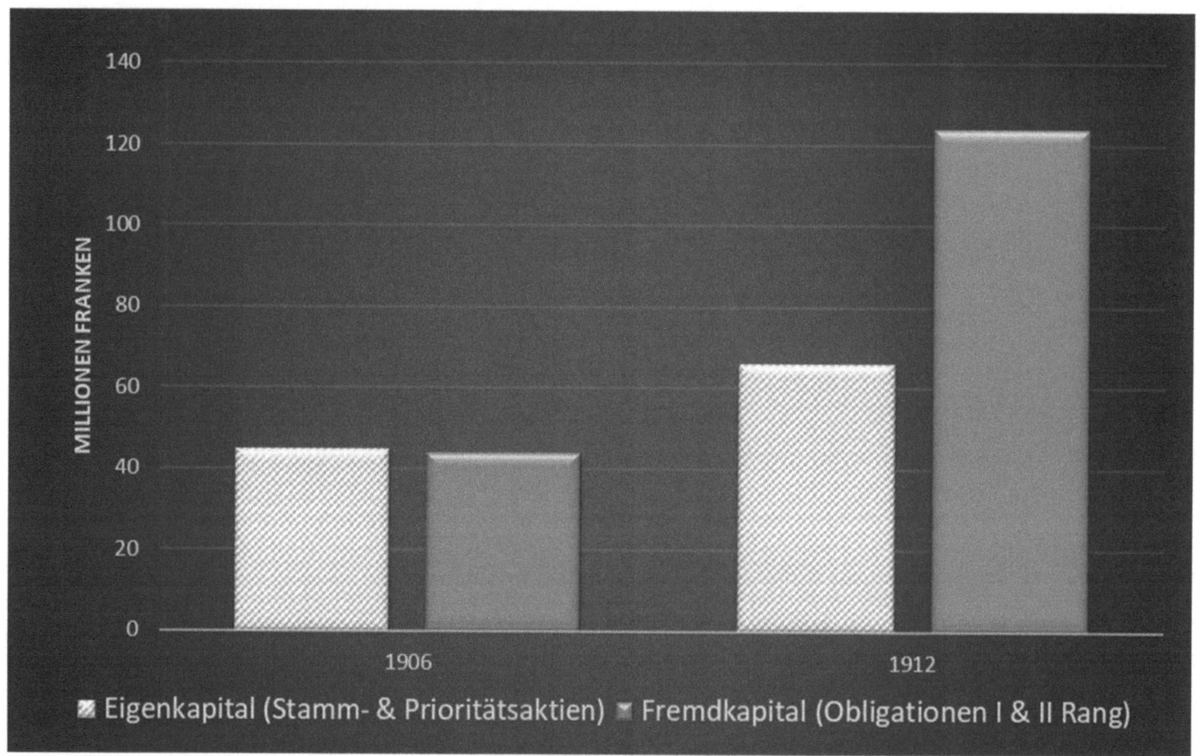

Veränderung der Unternehmensfinanzierung der Berner-Alpenbahn Gesellschaft nach Eigenfinanzierung (Stamm- und Prioritätsaktien) und Fremdfinanzierung (Obligationen I. und II. Rang) zwischen 1906 und 1912 (in Mio. Franken).

Diese Finanzierungsregel war auch bei der Berner Alpenbahn-Gesellschaft während der Gründungphase erfüllt. Das Eigenkapital von 45 Mio. Franken in Form von Stammaktien (21 Mio.) und Prioritätsaktien (24 Mio.) stand gegenüber einem Fremdkapital von 44 Mio. Franken in Form von 4%-Obligationen I. Rang (29 Mio.) und 4½%-Obligationen II. Rang (15 Mio.).

Dieses zunächst gesunde Verhältnis geriet erst ab 1911 mit der Ausgabe von weiteren Anleihen für zusätzliche Projekte aus dem Lot. Der Anteil des Fremdkapitals am Gesamtkapital lag nun bald weit über 50 Prozent.

Ausgabe	Titel		Datum	Betrag	Pfand
I.	4% Anleihen	I Rang	1. Nov. 1906	29 Mio.	Gründunganleihen
	4½% Anleihen	II Rang *		15 Mio.	Frutigen-Brig
II.	4½% Anleihen II Rang **	Serie A	1. Juli 1911	15 Mio.	Münster-Lengnau
		Serie B		8 Mio.	Frutigen-Brig
III.	4% Anleihen	I Rang	2. Dez. 1911	23 Mio.	Münster-Lengnau
		II Rang *		15 Mio.	Frutigen-Brig
IV.	4% Anleihen II Rang	Serie A	10. Juli 1912	26 Mio.	Frutigen-Brig - mit
		Serie B		16 Mio.	Staatsgarantie
V.	4½% Anleihen II Rang		1. Okt. 1913	13 Mio.	Scherzlingen-Bönigen
VI.	4½% Anleihen II Rang **		1. Feb. 1915	2.2 Mio.	Spiez-Frutigen

Hypothekar-Anleihen - Obligation Fr. 500.-

** im Sammlermarkt unbekannte Obligationen ** geplant, verschoben*

Bis ins Jahr 1913 stieg die Verschuldung der Berner Alpenbahn Gesellschaft durch Anleihen bis auf 124 Mio. Franken. Es waren dies die Emissionen von 23 und 15 Mio. Franken im Jahr 1911 für den **Grenchenbergtunnel**, von 26 und 16 Mio. Franken im Jahr 1912 für den **Ausbau des Lötschbergtunnels auf Doppelspur** sowie die Erstellung **erweiterter Zufahrtsrampen** und schliesslich von 13 Mio. Franken für den **Ankauf der Thunersee Bahn.**

Bei den damals herrschenden schwierigen Bedingungen auf dem Kapitalmarkt war an eine weitere Aufnahme von Eigenkapital in Form von Aktien nicht mehr zu denken. Somit blieb das Aktienkapital bei 65.5 Mio. Franken. Damit sank die **Eigenfinanzierung auf nur noch 35 Prozent.** Dieser geringe Anteil bzw. die grosse Anleihensverschuldung wurde zu einer starken Belastung für die Finanzen der Gesellschaft und war sicherlich einer der Gründe für die Einstellung des Zinsdienstes auf den Obligationen im Jahre 1915 und die später notwendige Sanierung im Jahr 1923.

In der Folge ist als Beispiel für die Obligationen der Berner Alpenbahn-Gesellschaft die 4%-Hypothekar-Anleihe, Serie B, vom 18. Juli 1912 dargestellt.

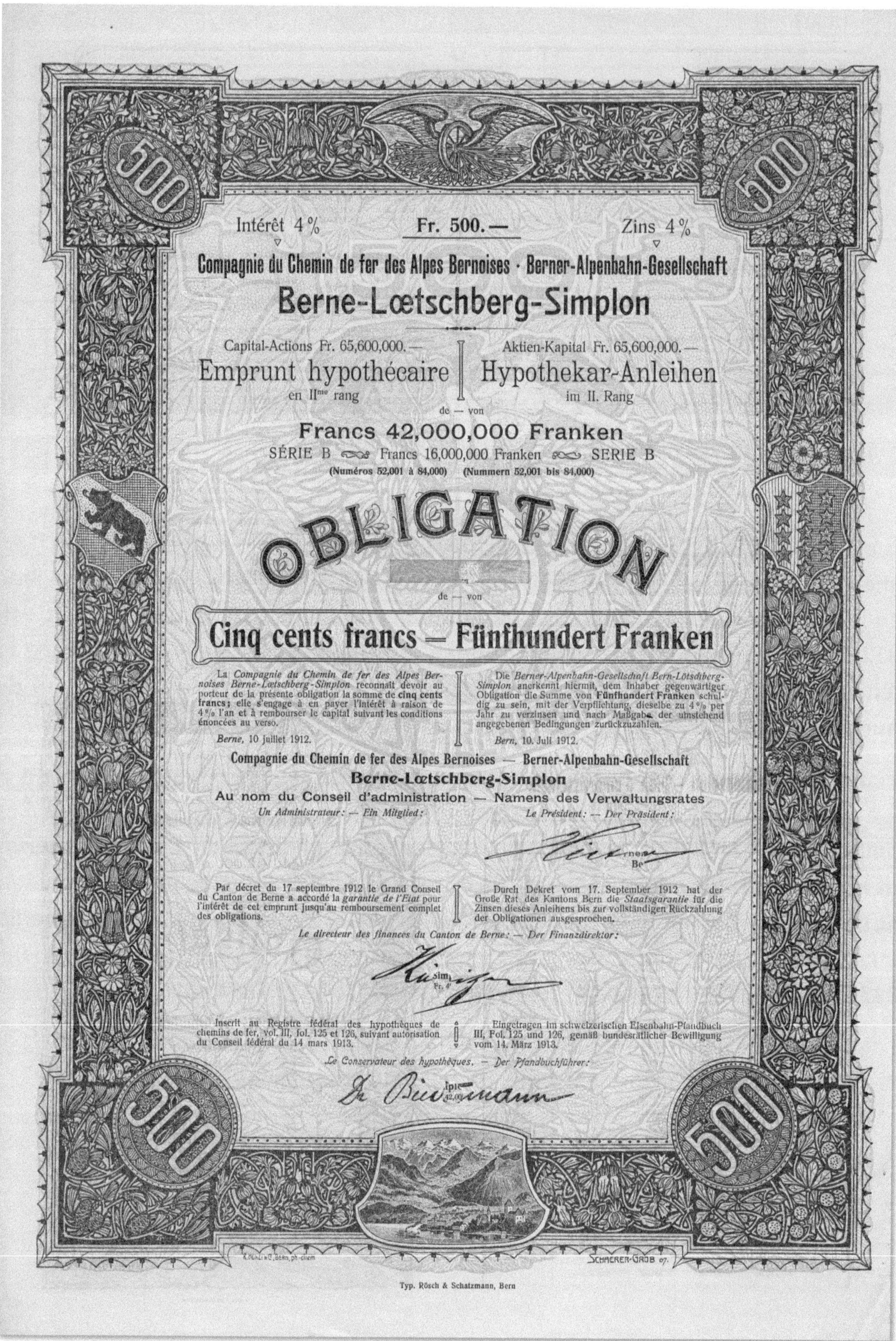
Intérêt 4%   Fr. 500.—   Zins 4%
Compagnie du Chemin de fer des Alpes Bernoises · Berner-Alpenbahn-Gesellschaft
Berne-Lœtschberg-Simplon
Capital-Actions Fr. 65,600,000.—   Aktien-Kapital Fr. 65,600,000.—
Emprunt hypothécaire   Hypothekar-Anleihen
en IIme rang   im II. Rang
de — von
Francs 42,000,000 Franken
SÉRIE B   Francs 16,000,000 Franken   SÉRIE B
(Numéros 52,001 à 84,000)   (Nummern 52,001 bis 84,000)
OBLIGATION
de — von
Cinq cents francs — Fünfhundert Franken
La Compagnie du Chemin de fer des Alpes Ber-
noises Berne-Lœtschberg-Simplon reconnaît devoir au
porteur de la présente obligation la somme de cinq cents
francs; elle s'engage à en payer l'intérêt à raison de
4% l'an et à rembourser le capital suivant les conditions
énoncées au verso.
Die Berner-Alpenbahn-Gesellschaft Bern-Lötschberg-
Simplon anerkennt hiermit, dem Inhaber gegenwärtiger
Obligation die Summe von Fünfhundert Franken schul-
dig zu sein, mit der Verpflichtung, dieselbe zu 4% per
Jahr zu verzinsen und nach Maßgabe der umstehend
angegebenen Bedingungen zurückzuzahlen.
Berne, 10 juillet 1912.   Bern, 10. Juli 1912.
Compagnie du Chemin de fer des Alpes Bernoises — Berner-Alpenbahn-Gesellschaft
Berne-Lœtschberg-Simplon
Au nom du Conseil d'administration — Namens des Verwaltungsrates
Un Administrateur: — Ein Mitglied: Le Président: — Der Präsident:
Par décret du 17 septembre 1912 le Grand Conseil
du Canton de Berne a accordé la garantie de l'Etat pour
l'intérêt de cet emprunt jusqu'au remboursement complet
des obligations.
Durch Dekret vom 17. September 1912 hat der
Große Rat des Kantons Bern die Staatsgarantie für die
Zinsen dieses Anleihens bis zur vollständigen Rückzahlung
der Obligationen ausgesprochen.
Le directeur des finances du Canton de Berne: — Der Finanzdirektor:
Inscrit au Registre fédéral des hypothèques de
chemins de fer, vol. III, fol. 125 et 126, suivant autorisation
du Conseil fédéral du 14 mars 1913.
Eingetragen im schweizerischen Eisenbahn-Pfandbuch
III, Fol. 125 und 126, gemäß bundesrätlicher Bewilligung
vom 14. März 1913.
Le Conservateur des hypothèques. — Der Pfandbuchführer:
Typ. Rösch & Schatzmann, Bern

Conditions de l'emprunt.

Garantie.

Hypothèque en deuxième rang sur la ligne de chemin de fer à voie normale de Frutigen par le Lœtschberg à Brigue, d'une longueur de 60 km., y compris les accessoires et le matériel d'exploitation, dans le sens de l'art. 9 de la loi fédérale du 24 juin 1874 sur les hypothèques en matière de chemins de fer.

Garantie de l'Etat de Berne pour les intérêts de cet emprunt jusqu'au remboursement complet des obligations.

La ligne est hypothéquée en premier rang en garantie d'un emprunt de 29 millions de francs.

Intérêt.

4 % l'an, payable semestriellement les 30 juin et 31 décembre de chaque année.

Remboursement.

Au moyen de quarante-sept annuités, commençant le 30 juin 1925 et finissant le 30 juin 1971, suivant un plan d'amortissement imprimé sur chaque titre.

Les obligations seront amortissables par voie de tirage au sort.

Toutefois la Compagnie se réserve la faculté d'anticiper, selon ses convenances, l'amortissement, et même de rembourser l'intégralité de l'emprunt à quelque époque que ce soit, moyennant un avis publié 3 mois à l'avance dans un journal de Berne et dans un journal d'annonces légales à Paris.

L'emprunt est divisé en deux séries, série A (Nᵒˢ 1—52,000) et série B (Nᵒˢ 52,001—84,000). Les 84,000 obligations des deux séries sont au porteur, de 500 fr. chacune.

Le capital et l'intérêt de l'emprunt sont payables sans frais pour le porteur:

à la Caisse de la Compagnie, à Berne;
à la Banque cantonale de Berne à Berne et ses succursales;
au Crédit Français à Paris;
à la Société centrale des Banques de Province à Paris et chez tous les banquiers, membres du Syndicat des Banquiers de Province;
auprès d'autres domicles restant encore à désigner (auprès des domiciles en France au cours moyen du change à vue sur la Suisse le jour de l'échéance).

Tous les débours relatifs au timbre bernois des obligations de l'emprunt sont à la charge de la Compagnie.

Toutes les publications relatives au paiement des intérêts, à la dénonciation et au remboursement de l'emprunt auront lieu:

dans la Feuille officielle suisse du Commerce;
dans la Feuille officielle du Canton de Berne;
dans deux journaux d'annonces légales de Paris.

Anlehensbedingungen.

Sicherstellung.

Pfandrecht im II. Range auf die normalspurige Eisenbahnlinie von Frutigen durch den Lötschberg nach Brig in einer baulichen Länge von 60 km samt Zubehörden und Betriebsmaterial, im Sinne von Art. 9 des Bundesgesetzes vom 24. Juni 1874 über Verpfändung von Eisenbahnen.

Garantie des Kantons Bern für die Zinsen dieses Anlehens bis zur vollständigen Rückzahlung desselben.

Die Linie ist im ersten Rang zur Sicherstellung eines Anleihens von Fr. 29,000,000. — verpfändet.

Verzinsung.

Zu 4 % per Jahr, zahlbar halbjährlich per 30. Juni und 31. Dezember.

Rückzahlung.

Mittelst siebenundvierzig Annuitäten, deren erste am 30. Juni 1925, die letzte am 30. Juni 1971 verfällt, gemäß einem Amortisationsplan, welcher jedem einzelnen Schuldschein beigedruckt ist.

Die Amortisation der Obligationen erfolgt durch Auslosung der jeweilen zurückzuzahlenden Titel.

Immerhin behält sich die Gesellschaft das Recht vor, die Amortisation früher als auf dem Plan vorgesehen, vorzunehmen, oder auch das ganze Anlehen, in welchem Zeitpunkt dies auch sei, zurückzuzahlen. Eine diesbezügliche Bekanntmachung hat 3 Monate vor dem Rückzahlungstermin in einer Bernerzeitung und in einem für derartige Bekanntmachungen bestimmten Pariserblatt zu erfolgen.

Das Anlehen ist in zwei Serien eingeteilt: Serie A (Nr. 1—52,000), Serie B (Nr. 52,001—84,000). Die 84,000 Obligationen der beiden Serien lauten auf den Inhaber, jede im Nominalwert von Fr. 500.—.

Kapital und Zinsen des Anlehens sind spesenfrei für den Inhaber zahlbar:
bei der Kasse der Gesellschaft in Bern;
bei der Kantonalbank von Bern in Bern und deren Zweiganstalten;
beim Crédit français in Paris;
bei der Société centrale des Banques de Province in Paris und bei allen Bankhäusern, welche Mitglieder dieses Syndikates sind;
bei andern noch zu bezeichnenden Zahlstellen (bei den französischen Zahlstellen zum Mittelkurse von Sichtwechseln auf die Schweiz am Verfalltage).

Alle Auslagen betr. den bernischen Stempel hinsichtlich der Schuldscheine dieses Anlehens sind zu Lasten der Gesellschaft.

Alle Bekanntmachungen betreffend die Verzinsung, Kündigung und Rückzahlung des Anlehens erfolgen:
im Schweiz. Handelsamtsblatte;
im Amtsblatt des Kantons Bern;
sowie in zwei Pariser Zeitungen, die zu amtlichen Bekanntmachungen benützt werden.

---

4 % Anlehen II. Hypothek Frutigen-Brig, Serie B, Fr. 16,000,000. —

Emprunt hypothécaire en IIᵐᵉ rang Frutigen-Brigue à 4 %, Série B, fr. 16,000,000. —

Amortisationsplan - Plan d'amortissement

(ANNUITÄT Fr. 760,350. 17 ANNUITÉ)

Jahr / Année	Anfangskapital / Capital original	Zins / Intérêt	Amortisation / Amortissement	Annuität / Annuité	Schlußkapital / Reste à amortir
	Fr.	Fr.	Fr.	Fr.	Fr.
1925	16,000,000	640,000	120,500	760,500	15,879,500
1926	15,879,500	635,180	125,000	760,180	15,754,500
1927	15,754,500	630,180	130,000	760,180	15,624,500
1928	15,624,500	624,980	135,500	760,480	15,489,000
1929	15,489,000	619,560	141,000	760,560	15,348,000
1930	15,348,000	613,920	146,500	760,420	15,201,500
1931	15,201,500	608,000	152,500	760,500	15,049,000
1932	15,049,000	601,960	158,500	760,460	14,890,500
1933	14,890,500	595,620	164,500	760,120	14,726,000
1934	14,726,000	589,040	171,500	760,540	14,554,500
1935	14,554,500	582,180	178,000	760,180	14,376,500
1936	14,376,500	575,060	185,500	760,560	14,191,000
1937	14,191,000	567,640	192,500	760,140	13,998,500
1938	13,998,500	559,940	200,500	760,440	13,798,000
1939	13,798,000	551,920	208,500	760,420	13,589,500
1940	13,589,500	543,580	216,500	760,080	13,373,000
1941	13,373,000	534,920	225,500	760,420	13,147,500
1942	13,147,500	525,900	234,500	760,400	12,913,000
1943	12,913,000	516,520	244,000	760,520	12,669,000
1944	12,669,000	506,760	253,500	760,260	12,415,500
1945	12,415,500	496,620	263,500	760,120	12,152,000
1946	12,152,000	486,080	274,000	760,080	11,878,000
1947	11,878,000	475,120	285,000	760,120	11,593,000
1948	11,593,000	463,720	296,500	760,220	11,296,500
1949	11,296,500	451,860	308,500	760,360	10,988,000
1950	10,988,000	439,520	321,000	760,520	10,667,000
1951	10,667,000	426,680	333,500	760,180	10,333,500
1952	10,333,500	413,340	347,000	760,340	9,986,500
1953	9,986,500	399,460	361,000	760,460	9,625,500
1954	9,625,500	385,020	375,500	760,520	9,250,000
1955	9,250,000	370,000	390,500	760,500	8,859,500
1956	8,859,500	354,380	406,000	760,380	8,453,500
1957	8,453,500	338,140	422,000	760,140	8,031,500
1958	8,031,500	321,260	439,000	760,260	7,592,500
1959	7,592,500	303,700	456,500	760,200	7,136,000
1960	7,136,000	285,440	475,000	760,440	6,661,000
1961	6,661,000	266,440	494,000	760,440	6,167,000
1962	6,167,000	246,680	513,500	760,180	5,653,500
1963	5,653,500	226,140	534,000	760,140	5,119,500
1964	5,119,500	204,780	555,500	760,280	4,564,000
1965	4,564,000	182,560	578,000	760,560	3,986,000
1966	3,986,000	159,440	601,000	760,440	3,385,000
1967	3,385,000	135,400	625,000	760,400	2,760,000
1968	2,760,000	110,400	650,000	760,400	2,110,000
1969	2,110,000	84,400	676,000	760,400	1,434,000
1970	1,434,000	57,360	703,000	760,360	731,000
1971	731,000	29,240	731,000	760,240	—
	493,402,500	19,736,100	16,000,000	35,736,100	

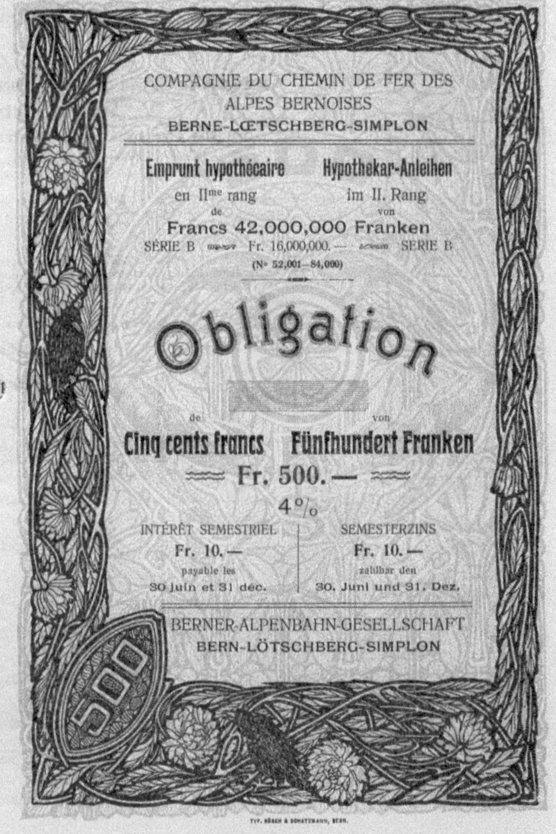

Berner-Alpenbahn-Gesellschaft Bern-Lötschberg-Simplon
Hypothekar-Anlehen von Fr. 42,000,000 à 4%
SERIE B — Fr. 16,000,000

OBLIGATION   OBLIGATION

Gegen diesen Talon empfängt der Inhaber desselben vor dem 30. Juni 1927 eine neue Serie von Semestercoupons zu Fr. 10.—

Berner-Alpenbahn-Gesellschaft Bern-Lötschberg-Simplon Hyp.-Anlehen im II. Rang von Fr. 42,000,000 à 4% OBLIGATION N° — Zehn Franken — Halbjahreszins zahlbar in Bern und in Paris zum Mittelkurse von Sichtwechseln a. d. Schweiz am Verfalltage	COUPON 28 — 30. Juni 1926 — Fr. 10.—	Berner-Alpenbahn-Gesellschaft Bern-Lötschberg-Simplon Hyp.-Anlehen im II. Rang von Fr. 42,000,000 à 4% OBLIGATION N° — Zehn Franken — Halbjahreszins zahlbar in Bern und in Paris zum Mittelkurse von Sichtwechseln a. d. Schweiz am Verfalltage	COUPON 29 — 31. Dezember 1926 — Fr. 10.—	Berner-Alpenbahn-Gesellschaft Bern-Lötschberg-Simplon Hyp.-Anlehen im II. Rang von Fr. 42,000,000 à 4% OBLIGATION N° — Zehn Franken — Halbjahreszins zahlbar in Bern und in Paris zum Mittelkurse von Sichtwechseln a. d. Schweiz am Verfalltage	COUPON 30 — 30. Juni 1927 — Fr. 10.—
…	COUPON 25 — 31. Dezember 1924 — Fr. 10.—	…	COUPON 26 — 30. Juni 1925 — Fr. 10.—	…	COUPON 27 — 31. Dezember 1925 — Fr. 10.—
…	COUPON 22 — 30. Juni 1923 — Fr. 10.—	…	COUPON 23 — 31. Dezember 1923 — Fr. 10.—	…	COUPON 24 — 30. Juni 1924 — Fr. 10.—
…	COUPON 19 — 31. Dezember 1921 — Fr. 10.—	…	COUPON 20 — 30. Juni 1922 — Fr. 10.—	…	COUPON 21 — 31. Dezember 1922 — Fr. 10.—
…	COUPON 16 — 30. Juni 1920 — Fr. 10.—	…	COUPON 17 — 31. Dezember 1920 — Fr. 10.—	…	COUPON 18 — 30. Juni 1921 — Fr. 10.—
…	COUPON 13 — 31. Dezember 1918 — Fr. 10.—	…	COUPON 14 — 30. Juni 1919 — Fr. 10.—	…	COUPON 15 — 31. Dezember 1919 — Fr. 10.—
…	COUPON 10 — 30. Juni 1917 — Fr. 10.—	…	COUPON 11 — 31. Dezember 1917 — Fr. 10.—	…	COUPON 12 — 30. Juni 1918 — Fr. 10.—
…	COUPON 7 — 31. Dezember 1915 — Fr. 10.—	…	COUPON 8 — 30. Juni 1916 — Fr. 10.—	…	COUPON 9 — 31. Dezember 1916 — Fr. 10.—
…	COUPON 4 — 30. Juni 1914 — Fr. 10.—	…	COUPON 5 — 31. Dezember 1914 — Fr. 10.—	…	COUPON 6 — 30. Juni 1915 — Fr. 10.—
				Berner-Alpenbahn-Gesellschaft Bern-Lötschberg-Simplon Hyp.-Anlehen im II. Rang von Fr. 42,000,000 à 4% OBLIGATION N° — Zehn Franken — Halbjahreszins zahlbar in Bern und in Paris zum Mittelkurse von Sichtwechseln a. d. Schweiz am Verfalltage	COUPON 3 — 31. Dezember 1913 — Fr. 10.—

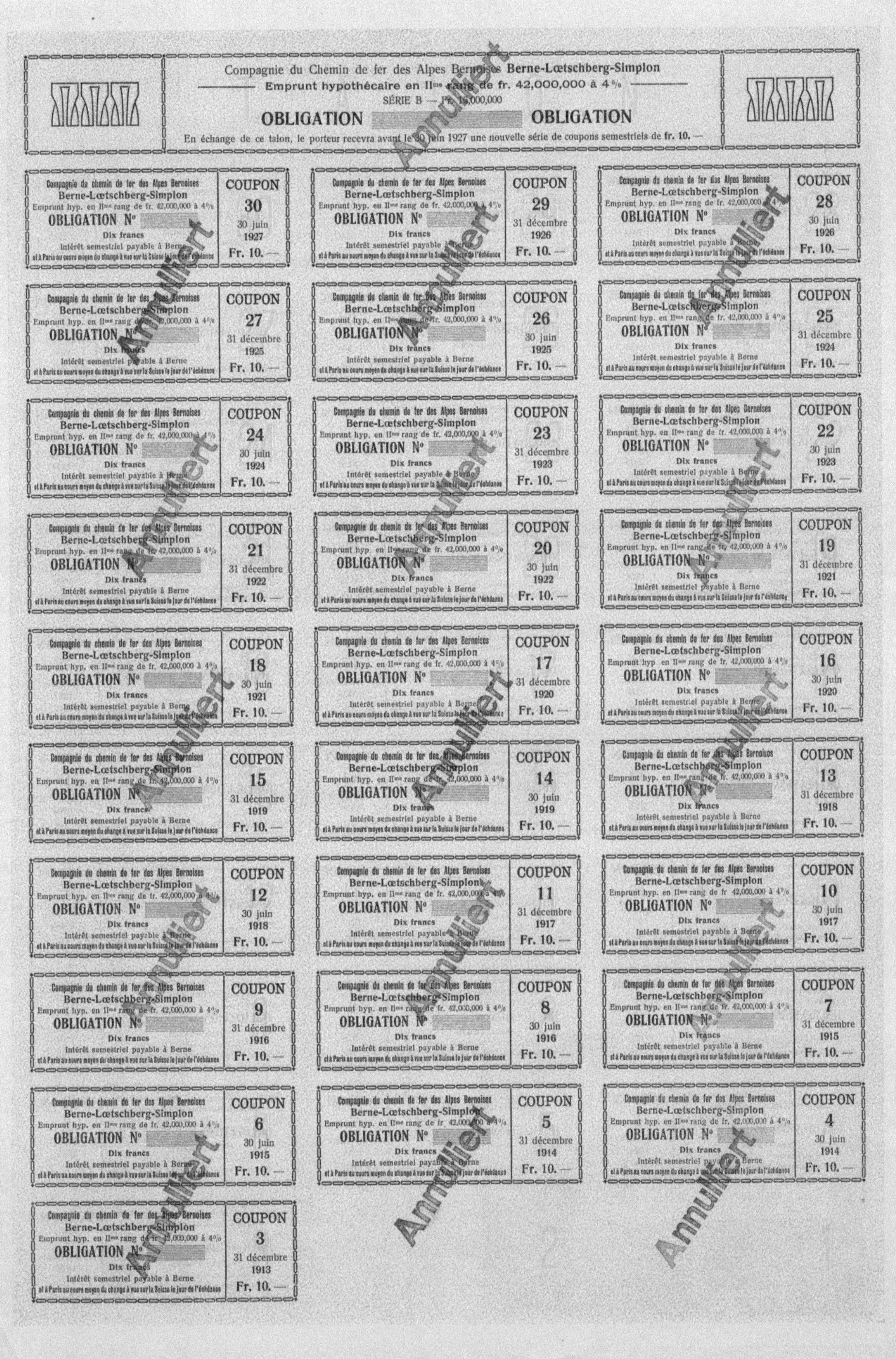

Compagnie du Chemin de fer des Alpes Bernoises Berne-Lœtschberg-Simplon
Emprunt hypothécaire en II\ᵐᵉ rang de fr. 42,000,000 à 4%
SÉRIE B — Fr. 19,000,000
OBLIGATION   OBLIGATION
En échange de ce talon, le porteur recevra avant le 30 juin 1927 une nouvelle série de coupons semestriels de fr. 10. —

Annuliert

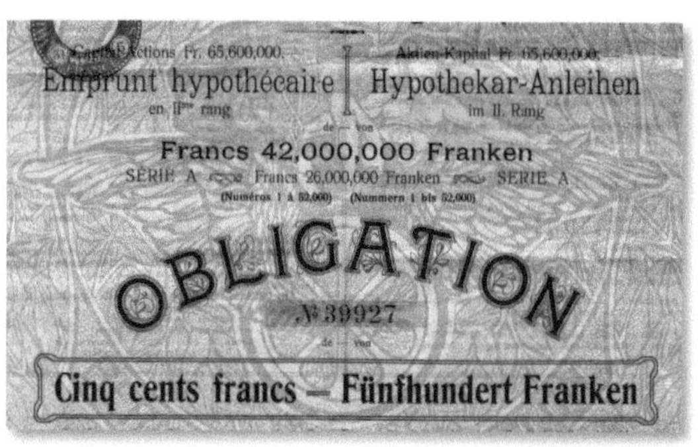

Die grossformatige Obligation der Berner Alpenbahn-Gesellschaft hat die Dimension 28 cm x 40 cm. Das Papier lautet auf den «Inhaber» und ist, wie die Aktie, zweisprachig auf Deutsch und Französisch gehalten.[82] Die Farbe der einzelnen Obligation variiert je nach Ausgabe zwischen blau-grau und rosa, über blau-grau und grün-bräunlich-ocker. Sogar innerhalb der gleichen Anleihe wechselt die Druckfarbe ungewöhnlich stark. Die Obligation ist im ähnlichen Stil gehalten wie die Prioritätsaktie. Dominant ist hier ebenfalls ein grosser, breiter Jugendstilrand mit üppigem Pflanzenmuster. Im Rand eingelegt sind zwei detailreiche Vignetten sowie verschiedene weiter dekorative Elemente. Die **Vignette oben** zeigt ein **Flügelrad mit Elektroblitzen**. Sie illustriert damit gut das technische Selbstverständnis der Erbauer der Berner Alpenbahn: Das Eisenbahnrad, genauer ein Speichenrad mit Spurkranz und mit grossem Vogelflügel an jeder Seite auf der Höhe der Nabe ist ein altes **Symbol für die Eisenbahn und den Schienenverkehr**. Das grosse Band mit den Elektroblitzen zeigt weiter die wichtige Rolle der Berner Alpenbahn als **Vorläuferin und Vorbild der Elektrifizierung des Bahnwesens in der Schweiz**. Dieses Thema findet seine Verstärkung noch im grossen Unterdruck der Obligation. Vor dem Hintergrund des Pflanzenmusters findet sich eine Darstellung des geflügelten Götterboten Merkurs mit Stab als Symbol des Handels, Gewerbes, Reichtums und Gewinns, sowie der Schnelligkeit und Effizienz. Merkur thront über einem weiteren, schon aus der Vignette bekannten Flügelrad.

Die zweite **Vignette unten** nimmt ein Thema auf, das auch bei der Prioritätsaktie behandelt wird. Sie stellt eine Luftansicht vom Gebiet des ersten und zentralen **Teilstückes Spiez-Frutigen-Lötschberg** dar. Im Vordergrund erkennt man den Thunersee mit dem Schloss Spiez, dem «Städtli» Spiez sowie, sehr überdimensioniert dargestellt, das Gebäude mit Türmchen des damals sehr bekannten, im Jahr 1975 abgebrochenen Hotels «Spiezerhof». Davor in voller

---

[82] Der deutsche Text steht bei den Aktien rechts und bei der Obligation links.

Fahrt ein Dampfschiff der kurz darauf von der Berner Alpenbahn übernommenen Vereinigten Dampfschifffahrts-Gesellschaft des Thuner- und Brienzersees. Im Hintergrund die Berner Alpen vor dem Kandertal mit dem Kiental (links) und dem Frutigtal (rechts), dem Fluss Kander, sowie rechts dem imposanten Niesen. Ganz hinten das bekannte Berner Alpenpanorama mit (von links) dem Blüemlisalpmassiv (als Vignette auch auf der Prioritätsaktie abgebildet), dem Doldenhorn, dem Balmhorn und dem Rinderhorn und ganz hinten rechts im Tal dem für das Projekt der Berner Alpenbahn besonders wichtigen Lötschberg. Diese Vignette zeigt den zentralen Streckenabschnitt der Berner Alpenbahn von Spiez entlang der Kander über Frutigen nach Kandersteg und durch den Lötschbergtunnel ins dahinterliegende Wallis. Das Thema dieser Verbindung zwischen den Kantonen **Bern** (*a*) und **Wallis** (*b*) durch die Berner Alpenbahn wird in der Obligation noch weiter betont durch die Wappen dieser Kantone, links Bern und rechts das Wallis. Ein weiteres wichtiges und dekoratives Element der Obligation ist ihr Nennwert von Fr. 500.- bzw. die Zahl «500». Diese erscheint an allen vier Ecken des Rahmens, oben als ovale (c) und unten als runde Medaille (d).

a) *b)* *c)* *d)*

Abstempelungen

Die Titel tragen in der Regel zwei Abstempelungen wegen den beiden Sanierungen in den Jahren 1923 und 1932, welche die Bedingungen der Obligationen stark veränderten.

Stempel Sanierung 1923:

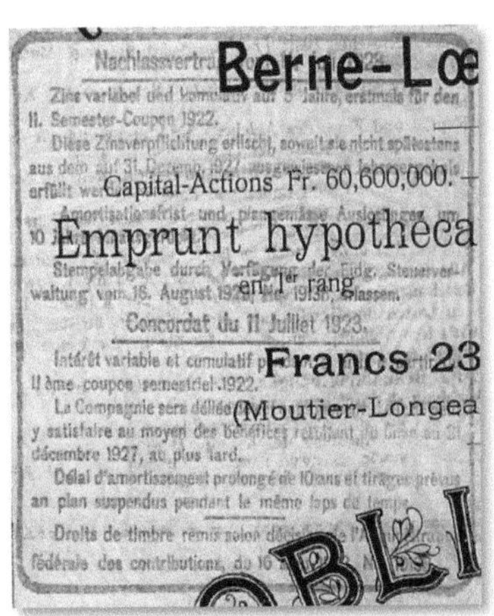

Im Jahr 1923, nach Verabschiedung des Nachlassvertrages, erhalten die Obligationen einen ersten grossen Stempel mit Text auf Deutsch und Französisch.

Text des Stempels: Nachlassvertrag vom 11. Juli 1923 Zins variable und kumulativ auf 5 Jahre, erstmals für den II. Semester-Coupon 1922. Diese Zinsverpflichtung erlischt, soweit sie nicht spätestens aus dem auf 31. Dezemb. 1927 ausgewiesenen Jahresergebnis erfüllt werden kann. Amortisationsfrist und plangemässe Auslosungen um 10 Jahre ausgesetzt. Stempelabgabe durch Verfügung der Eidg. Steuerverwaltung vom 16. August 1923, Nr. 19138 erlassen.

Stempel Sanierung 1932:

Im Jahr 1932 erhalten die Obligationen den Stempel mit den Bedingungen der Gläubigerversammlung vom 2. Juli 1932 mit dem Text auf Deutsch und Französisch.

Text des Stempels:

Entscheid der Gläubigerversammlung vom 2. Juli 1932 und Genehmigung durch das Bundesgericht vom 20. Oktober 1932[?] Vom 1. Januar 1932 bis 31. Dezember 1941 Zinsfuss variabel und kumulativ, Maximum 4%. Für allfällige nach Abschluss der Jahresrechnung 1941 noch ungedeckt bleibende Fehlbeträge erlischt jedes Nachforderungsrecht. Bis und mit dem Jahre 1941 finden keine Auslosungen statt, nachher Rückzahlung nach neuem Tilgungsplan in 30 Annuitäten vom Jahre 1942-1971.

Steuermarke und Steuerstempel:

Einige Exemplare tragen die Steuermarke des Kanton Bern (links). Die in Frank-reich auf dem Handelsplatz Paris gehandelten Obligationen tragen weiter den üblichen französischen Steuerstempel für ausländische Valoren (rechts).[83]

Druck

Die Druckplatten der Obligationen wurden vom Künstler «Schaerer-Grob 07» entworfen und vom Lithographie-Unternehmen «R. Henz & Co, Bern, ph-chem» hergestellt. Die ersten Obligationen von 1906 bis Juli 1911 druckte die «Typ Büchler & Co., Bern».

Bald darauf wechselte die Druckerei. Die späteren Ausgaben von Dezember 1911 bis 1912 wurden von der «Typ. Rösch & Schatzmann, Bern» hergestellt.

Hypothekar-Anleihen für Eisenbahnen und deren Bedingungen

Alle Anleihen der Berner-Alpen-Bahn Gesellschaft wurden ausnahmslos in Form von Hypothekar-Anleihen ausgegeben. Diese waren durch ein Grundpfandrecht auf einem bestimmten Streckenteil gedeckt. Dabei wurde unterschieden, ob die Forderung des Gläubigers vorrangig (I. Rang) oder nachrangig (II. Rang) besichert war.

Zins-Coupons

Der Zinssatz für Anleihen der Berner-Alpen-Bahn lag in der Zeit bei marktüblichen 4 Prozent für erstrangige und 4½ Prozent für zweitrangige Anleihen. Der Zins wurde halbjährlich, am 30. Juni und 31 Dezember, ausbezahlt. Die Zinscoupons konnten eingelöst werden bei der Kasse der Gesellschaft, bei der Kantonalbank in Bern, beim Crédit Français in Paris und den verschiedenen Banken der Société Centrale des Banques en Provence. Die Bekanntmachung betreffend Verzinsung, Kündigung und Rücknahmen der Anleihen wurden im Schweizerischen Handelsamtsblatt, im Amtsblatt des Kantons Bern und in zwei Pariser Zeitungen publiziert. Die Regelung der Unterschriften auf den Obligationen war identisch mit jener für die Aktien. Sie wurden alle im Faksimile vom Präsidenten des Verwaltungsrates, Johann Daniel Hirter, unterzeichnet. Die statuarisch notwendige zweite Originalunterschrift wurde von einem weiteren Mitglied des Verwaltungsrates geleistet.

Staatsgarantie

Eine wichtige Besonderheit haben die Obligation des Jahres 1912. Sie tragen die Faksimile Unterschrift des Finanzdirektors des Kantons Bern, Karl Könitzer, zur Bestätigung der Staatsgarantie auf die Zinsen dieser Anleihe. Diese Garantie wurde vom Grossen Rat des Kantons Bern durch Dekret vom 17. September 1912 beschlossen. In den Genuss dieser Zinsgarantie kamen die beiden Serien der 42 Mio. Franken Anleihe vom 10. Juli 1912.

Eisenbahn-Pfandbuch

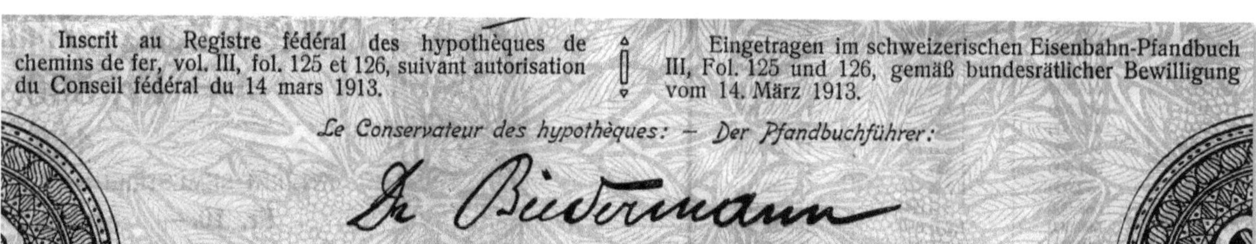

Seit der Einführung des Bundesgesetzes über die Verpfändung und Zwangsliquidation der Eisenbahnen auf dem Gebiet der schweizerischen Eidgenossenschaft vom 24. Juni 1874 sind die Schweizer Eisenbahngesellschaften verpflichtet, für ihre Anleihen beim Bundesrat eine Bewilligung einzuholen und diese dann öffentlich bekannt zu geben. Die Anleihen werden im schweizerischen Eisenbahn-Pfandbuch eingetragen. Dieser Eintrag wird durch den langjährigen Pfandbuchführer, Dr. Biedermann, bestätigt und auf der Obligation vermerkt.

Mantel-Rückseite

Auf der Rückseite des Mantels finden sich oben die Anleihensbedingungen, der Amortisationsplan und der Revers der Obligation.

Anlehensbedingungen

Die Anleihebedingungen sind zweisprachig (Deutsch und Französisch) verfasst und enthalten die wichtigsten Bestimmungen der Anleihe, wie die Sicherstellung durch ein Hypothekenpfand und die Zinsgarantie des Kantons Bern auf den Obligationen von 1912. Als halbjährliche Verzinsung der Obligation sind die beiden Daten 30. Juni und 31. Dezember festgelegt. Die Rückzahlungsmodalitäten sind detailliert aufgeführt. Es folgen Hinweise zur Veröffentlichung von Informationen betreffend diese Anleihe im Schweizerischen Handelsamtsblatt, dem Amtsblatt des Kantons Bern, sowie in zwei Pariser Zeitungen.

Amortisationsplan

Die Annuität bezeichnet den jährlichen Betrag, der für die Zinsen und die Rückzahlung der Anleihe (Amortisation[84]) benötigt wird. Die Berner Alpenbahn wählte für ihre Anleihen die Form der **fixen Annuität**[85]. Diese bedeutete für die Gesellschaft, dass über die gesamte Laufzeit der Anleihe die Annuität konstant blieb. Zu Beginn der Laufzeit entfiel der Grossteil der Annuität auf die Zinszahlungen. Es konnte nur eine geringe Anzahl von Obligationen zurückbezahlt (amortisiert) werden. Mit jeder getilgten Obligation sank die Restschuld, wodurch auch der zu zahlende Zinsbetrag geringer wurde.

---

[84] Auch Tilgung genannt.
[85] Die Alternativen wären die Tilgung am Ende der Laufzeit oder die variable Annuität.

Dadurch konnte ein immer grösserer Teil der Annuität für die Amortisation verwendet werden. Dieser stieg also graduell an, bis die Anleihe vollständig zurückgezahlt war.

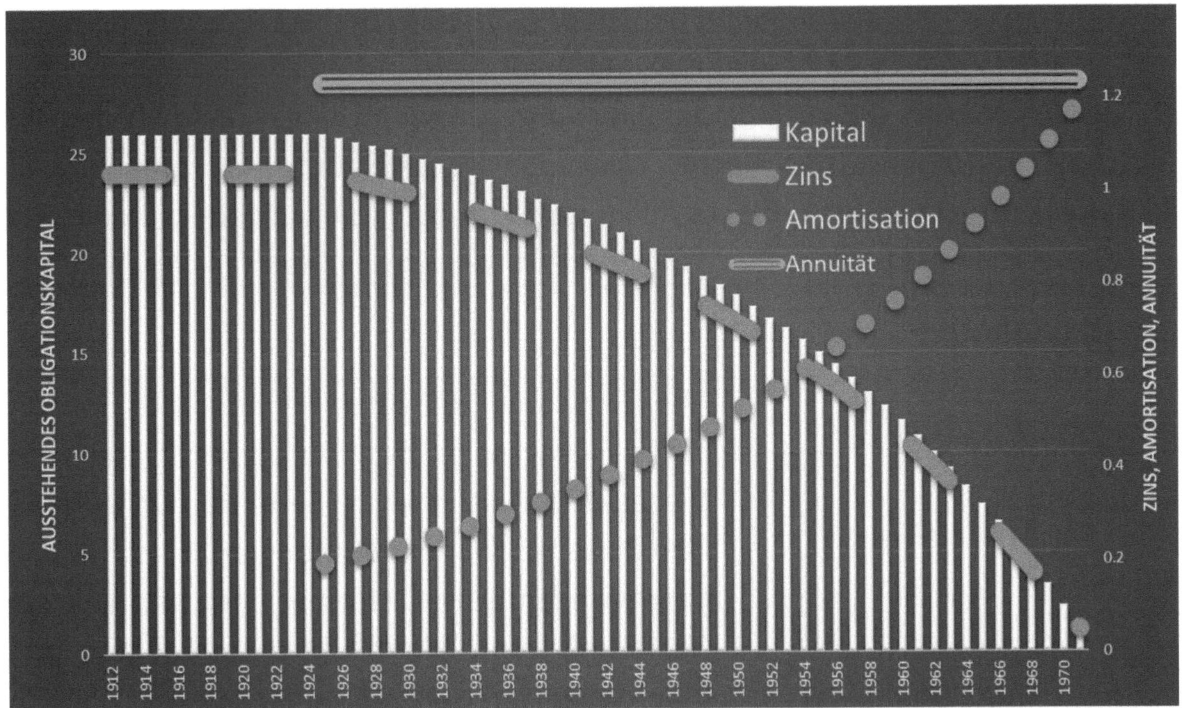

Fixe Annuität, Zinszahlungen und Amortisation (4%-Obligation, II Rang, Serie A, 1912)

Bei der im Beispiel gezeigten 4%-Anleihe, II. Rang, Serie A, 26 Mio. Franken vom 10. Juli 1912 war die jährliche Annuität gemäss **Amortisationsplan** auf den fixen Betrag von 1'235'569,02 Franken festgelegt. Dieser Plan findet sich auf der Rückseite der Obligation (siehe nächste Seite). Er zeigt von 1925 bis 1971 den jährlichen Anleihensbestand, den sinkenden, zu zahlenden Zins, die ansteigende Amortisation und den praktisch konstanten Betrag der jährlichen Annuität. Im Beispiel der 4%-Anleihe, Serie A, II. Rang, vom 10. Juli 1912 für 26 Mio. Franken beginnt die Rückzahlung ab dem Jahr 1925 und dauert bis ins Jahr 1971, das Jahr in dem die achtzigjährige Konzession der Berner Alpenbahn-Gesellschaft auslief. Im Jahr 1926 zahlt die Gesellschaft, wie normal, den 4% Zins auf die ausstehenden Obligationen von 26 Mio. Franken, d.h. 1'040'000 Franken. Die Amortisation beginnt mit der Rückzahlung von ausgelosten 391 Obligationen im Wert von insgesamt 195'500 Franken (391 Obligationen x 500 Franken Nominalwert pro Obligation). Zinszahlung und Amortisation zusammen ergeben die Annuität, die bei dieser Anleihe 1'235'569,02 Franken beträgt. Dieser Betrag bleibt über die ganze Laufzeit bis zur vollständigen Rückzahlung der Anleihe konstant. Da die Gesellschaft immer weniger Zinsen zahlen muss, nimmt die jährliche Amortisation im Laufe der Zeit zu. In unserem Beispiel steigt die Amortisation im letzten Jahr 1971 auf 1'188'000 Franken, während die Zinszahlungen nur noch 47'520 Franken betragen. Der Vorteil der fixen Annuität für die Berner Alpenbahn bestand darin, dass die Gesamtbelastung über die 138gesamte Laufzeit der Amortisation konstant blieb. Dies ermöglichte eine bessere

Planbarkeit der Finanzen, was gerade in den schwierigen Anfangsjahren des Unternehmens von grosser Bedeutung war. In unserem Beispiel zahlt die Gesellschaft von der Ausgabe der Obligation bis ins Jahr 1924 lediglich die Zinsen in Höhe von 1'040'000 Franken. Mit dem Beginn der Amortisation im Jahr 1925 steigt die jährliche Belastung auf 1'235'569,02 Franken an, verbleibt dann auf diesem Niveau bis ins Jahr 1971. Jährlich wurden die zur Rückzahlung vorgesehenen Obligationen ausgelost. Die Gesellschaft hatte zwar das Recht, über den Amortisationsplan hinaus weitere Obligationen zurückzuzahlen, dieses Recht wurde jedoch nie ausgeübt, da die Berner Alpenbahn vor allem in den ersten Jahrzehnten unter grosser Kapitalknappheit litt.

Revers (Deckblatt)

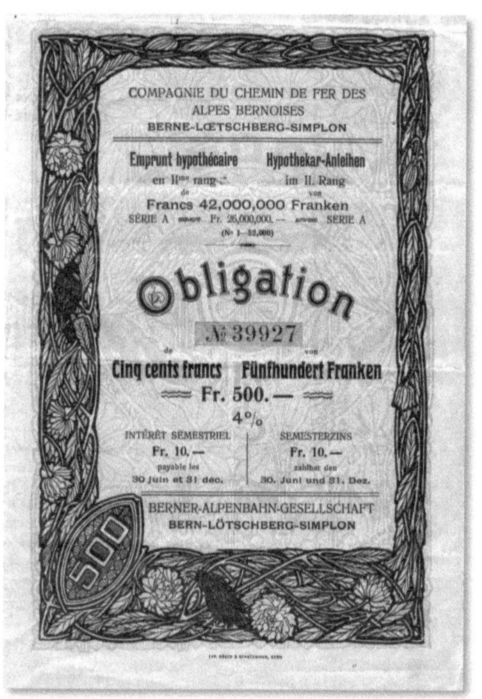

Ähnlich wie bei der Aktie befindet sich der Revers auf der Rückseite der Obligation, unten rechts. Dieses bildet die oberste Seite der Obligation, sofern diese zusammengefaltet wird. Es enthält nochmals die wichtigsten Informationen und ist in seiner Gestaltung dem Mantel nachempfunden. Im mit Pflanzen bewachsenen Rahmen sind zusätzlich links und unten zwei schwarze Vögel zu sehen, die sich an den Früchten gütlich tun. Im Unterdruck ist erneut das bekannte dekorative geflügelte Rad abgebildet.

Bogen

Auf dem Bogen befinden sich schliesslich die in Bern und Paris zahlbaren 30 Zinscoupons (rechts), sowie der Talon zum Bezug von neuen Zinscoupons (unten).

TEIL 3

Historische Wertpapiere der Berner Alpenbahn-Gesellschaft Bern-Lötschberg-Simplon BLS

Die folgenden Seiten zeigen alle uns bisher bekannten Wertpapiere der Berner Alpenbahn-Gesellschaft und ihrer Nachfolgegesellschaften. Wenn Sie ein Wertpapier finden, das nicht auf dieser Liste steht, informieren Sie uns bitte mit E-Mail und Scan des Wertpapieres an:

christen.historische.wertpapiere@gmail.com. Herzlichen Dank.

Stammaktien *inkl. Zertifikate*

Berner Alpenbahn-Gesellschaft – Stammaktie 1911

Wertpapierart:	**Inhaber Stammaktie**
Nominalwert:	**1 Aktie zu Fr. 500.-**
Ausgabeort:	**Bern**
Ausgabedatum:	**1. August 1911**
Unterschriften:	**Johann Daniel Hirter** (1855-1926) als Präsident des Verwaltungsrates (Druckunterschrift)
	Gottfried Kunz (1859-1930) als ein Mitglied des Verwaltungsrates (Originalunterschrift)
Zweck:	Gründeraktie
	Spiez-Frutigen-Brig – I. Emission
Emission:	Emission 42'560 Stück / 21'280'000 Franken
	Aktienkapital gesamt 50'600'000 Franken
Farbe	Schwarz, Dunkelviolett/grüngelb
Text:	Deutsch / Französisch
Seltenheit:	R6
Zeichner:	Öffentliche Hand: Kanton Bern, Stadt Bern, Bernische Gemeinden; Lokale Eisenbahngesellschaften, Private.
Stempel:	1921 Stempel Nennwert Reduktion 1921
	1997 Ungültigkeit nach Fusion
Anzahl Coupons:	
Druck:	Haller'sche Buchdruckerei A.-G. Bern
Künstler:	Druckbild: Randolf, Bern 1911
	Lithographie: R. Henzi & Co, Bern, Ph-Chem
Dimension:	28.3cm x 40.2cm
Info:	1921: Nennwertreduktion auf Fr. 250.-
Kode:	**BLS-A1a** (rechts)
	BLS-A1au (nicht ausgegeben) (unten)

Berner Alpenbahn-Gesellschaft
Compagnie du chemin de fer des Alpes bernoises
Berne-Lœtschberg-Simplon
Konstituiert den 27. Juli 1906
Constituée le 27 juillet 1906
Aktien-Kapital Fr. 50,600,000.—
Capital-actions Frs. 50,600,000.—
eingeteilt in
divisé en
Fr. 21,280,000.— Stammaktien und
Frs. 21,280,000.— actions ordinaires et
Fr. 29,320,000.— Prioritätsaktien
Frs. 29,320,000.— actions privilégiées
Fr. 500
Stammaktie — Action ordinaire
(Spiez-Frutigen-Brig · i. Emission · Spiez-Frutigen-Brigue)
№ 41164
von — de
Fünfhundert Franken — Cinq cents francs
voll einbezahlt. — entièrement versés.
BERN, den 1. August 1911.
BERNE, le 1 août 1911.
Berner Alpenbahn-Gesellschaft — Compagnie du chemin de fer des Alpes bernoises
Berne-Lœtschberg-Simplon
Namens des Verwaltungsrates — Au nom du Conseil d'administration
Ein Mitglied — Un administrateur:
Der Präsident — Le président:
Aktie auf den Inhaber, solange nicht
die Eintragung auf den Namen im Aktientitel
bescheinigt ist.
Cette action est au porteur, elle
devient nominative par l'inscription certifiée sur
le présent titre.
Entw. Randolf Bern 1911.
Haller'sche Buchdruckerei A.-G Bern
R. Henzi & Cᵒ Bern, Ph.-Chem.
Aktien ungültig nach Fusion in
BLS Lötschbergbahn AG Bern
gemäss GV-Beschlüssen vom
18./19./20. Juni 1997.

Berner Alpenbahn-Gesellschaft – Stammaktie 1911 10er

Wertpapierart:	**Inhaber Stammaktie**
Nominalwert:	**10 Aktien zu Fr. 500.- = Fr. 5000.-**
Ausgabeort:	**Bern**
Ausgabedatum:	**1. August 1911**
Unterschriften:	**Johann Daniel Hirter** (1855-1926) als Präsident des Verwaltungsrates (Druckunterschrift)
	Gottfried Kunz (1859-1930) als ein Mitglied des Verwaltungsrates (Originalunterschrift)
Zweck:	Gründeraktie
	Erste Emission Spiez-Frutigen-Brig
Emission:	Emission 42'560 Stück / 21'280'000 Franken
	Aktienkapital gesamt 50'600'000 Franken
Text:	Deutsch
Farbe:	Schwarz, Dunkelviolett/grüngelb
Seltenheit:	
Zeichner:	Öffentliche Hand: Kanton Bern, Stadt Bern, Bernische Gemeinden; Lokale Eisenbahngesellschaften, Private.
Stempel:	1921 Stempel Nennwert Reduktion 1921
	1997 Ungültigkeit nach Fusion
Anzahl Coupons:	
Druck:	Haller'sche Buchdruckerei A.-G. Bern
Künstler:	Druckbild: Randolf, Bern 1911
	Lithographie: R. Henzi & Co, Bern, Ph-Chem
Dimension:	28.3cm x 40.2cm
Info:	1921: Nennwertreduktion auf Fr. 250.-
Kode:	**BLS-A1b** (rechts)
	BLS-A1bu, nicht ausgegeben (unten)

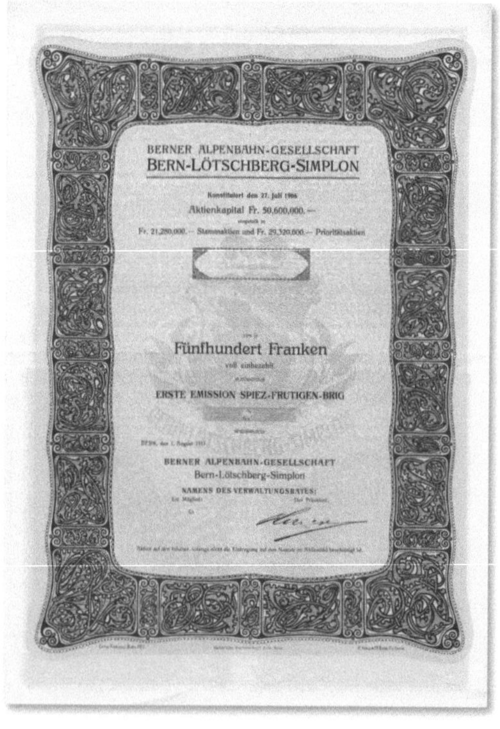

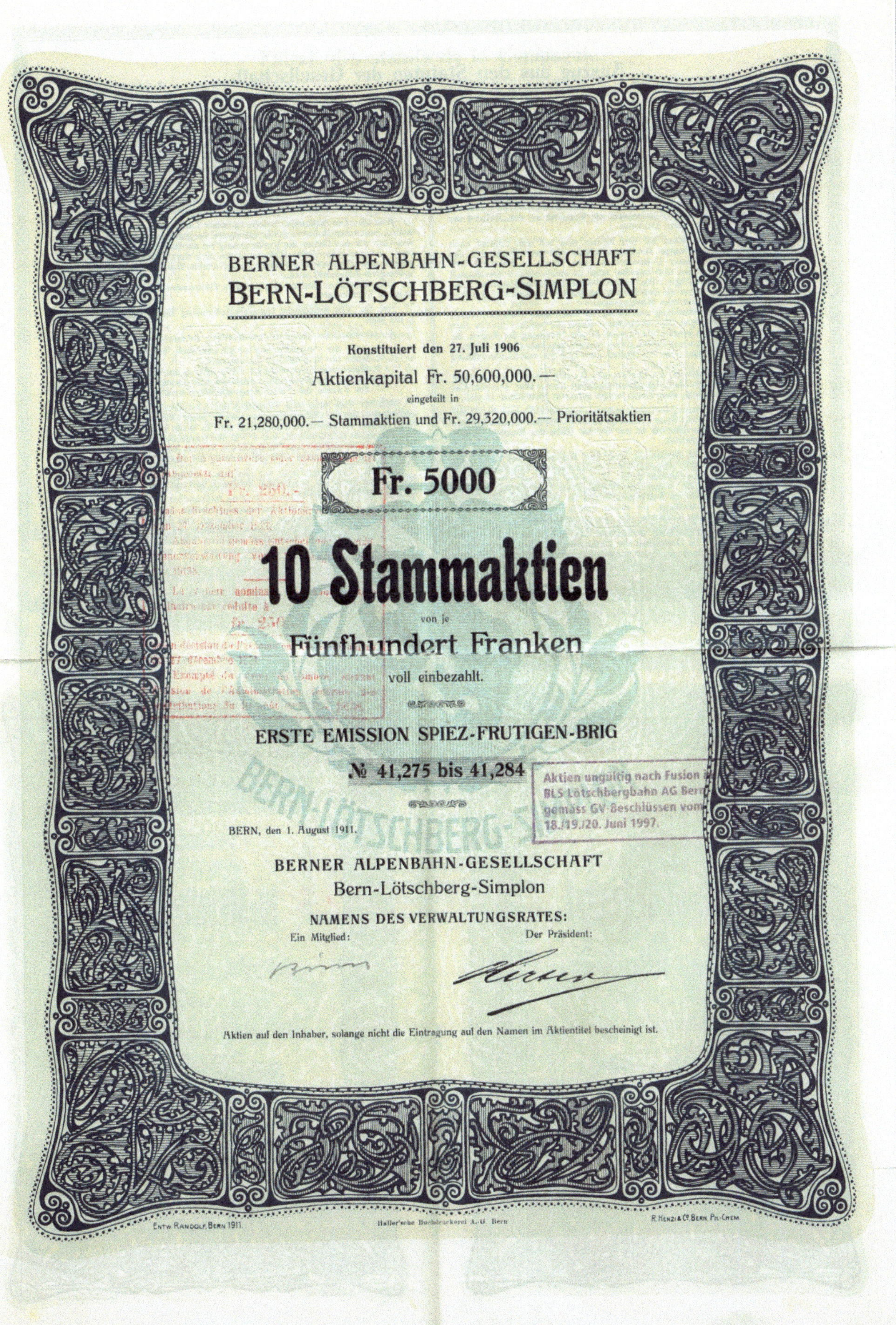
BERNER ALPENBAHN-GESELLSCHAFT
BERN-LÖTSCHBERG-SIMPLON
Konstituiert den 27. Juli 1906
Aktienkapital Fr. 50,600,000.—
eingeteilt in
Fr. 21,280,000.— Stammaktien und Fr. 29,320,000.— Prioritätsaktien
Fr. 5000
10 Stammaktien
von je
Fünfhundert Franken
voll einbezahlt.
ERSTE EMISSION SPIEZ-FRUTIGEN-BRIG
№ 41,275 bis 41,284
Aktien ungültig nach Fusion in
BLS Lötschbergbahn AG Bern
gemäss GV-Beschlüssen vom
18./19./20. Juni 1997.
BERN, den 1. August 1911.
BERNER ALPENBAHN-GESELLSCHAFT
Bern-Lötschberg-Simplon
NAMENS DES VERWALTUNGSRATES:
Ein Mitglied: Der Präsident:
Aktien auf den Inhaber, solange nicht die Eintragung auf den Namen im Aktientitel bescheinigt ist.

BLS Lötschbergbahn – Zertifikate 1997+

Wertpapierart:	**Inhaber Stammaktie**
Nominalwert:	**Namen-Aktien Zertifikat zu je Fr. 10.-**
	Valorennummer 790.708.3
Ausgabeort:	**Bern**
Ausgabedatum:	**Variabel**
Unterschrift:	A2a: Peter Nydegger
	A2b: Hans Lauri (1944-) – Berner Regierungsrat 1994-2001
	als Präsident des Verwaltungsrates
Zweck:	Gründeraktie
Emission:	
Text:	Deutsch
Farbe:	Schwarz/blau
Seltenheit:	
Zeichner:	Öffentliche Hand: Kanton Bern, Stadt Bern, Bernische Gemeinden; Lokale Eisenbahngesellschaften, Private.
Stempel:	2006 Ungültigkeit nach Fusion
Anzahl Coupons:	
Druck:	Trübaarau / TRUST
Künstler:	
Dimension:	21 cm x 29,7 cm (DIN A4)
Info:	
Kode:	

BLS-A2a «BLS» im Titel schwarz unterlegt **BLS**
Trübaarau / TRUST (rechts) [1998]

BLS-A2b «BLS» normal ausgeschrieben **BLS**
TRÜB / TRUST (unten) [2005]

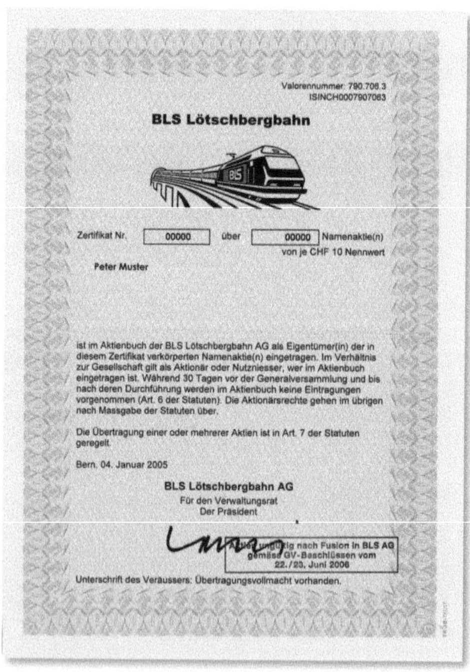

Valorennummer: 790.706.3
ISINCH0007907063

BLS Lötschbergbahn

Zertifikat Nr. | 00000 | über | 00000 | Namenaktie(n)

von je **CHF 10 Nennwert**

Peter Muster

ist im Aktienbuch der BLS Lötschbergbahn AG als Eigentümer(in) der in diesem Zertifikat verkörperten Namenaktie(n) eingetragen. Im Verhältnis zur Gesellschaft gilt als Aktionär oder Nutzniesser, wer im Aktienbuch eingetragen ist. Während 30 Tagen vor der Generalversammlung und bis nach deren Durchführung werden im Aktienbuch keine Eintragungen vorgenommen (Art. 6 der Statuten). Die Aktionärsrechte gehen im übrigen nach Massgabe der Statuten über.

Die Übertragung einer oder mehrerer Aktien ist in Art. 7 der Statuten geregelt.

Bern, 17. März 1998

BLS Lötschbergbahn AG
Für den Verwaltungsrat

Der Präsident

Unterschrift des Veräusserers: Übertragungsvollmacht vorhanden.

Prioritätsaktien

Berner Alpenbahn-Gesellschaft – Prior 1. Ausgabe 1906

Wertpapierart:	**Inhaber Prioritätsaktie**
Nominalwert:	**Fr. 500.-**
Ausgabeort:	**Bern**
Ausgabedatum:	**27. Juni 1906**
Unterschriften:	**Johann Daniel Hirter** (1855-1926) als Präsident des Verwaltungsrates (Druckunterschrift)
	Diverse Verwaltungsräte (Originalunterschrift)
Zweck:	**Gründeraktie**
Emission:	Prior-Emission 48'000 Stück / 24'000'000 Franken
	Gesamtes Aktienkapital 45'000'000 Franken
Text:	Deutsch / Französisch
Farbe:	Schwarz, Dunkelviolett/grün, mit rosa Verzierung
Seltenheit:	R6
Zeichner:	In- und ausländische Publikum: A. Sarasin & Cie. 1 Mio. / Kantonalbank von Bern 5 Mio. ¾ der Emission ging nach Frankreich: Banque J. Loste & Cie. 11 Mio. / Société Central des Banques de Province 7 Mio.
Stempel:	1923 Stempel Nennwert Reduktion
	1997 Ungültigkeit nach Fusion
Anzahl Coupons:	21
Druck:	Buchdruckerei Stämpfli & Cie., Bern
Künstler:	Grob
Dimension:	45cm x 26cm
Info:	1923: Nennwertreduktion auf Fr. 400.-
Kode:	**BLS-P1 (**rechts)
	BLS-P1u, nicht ausgegeben (unten)
	BLS-P1d1u, Braun/beige, Probedruck (R12)
	BLS-P1d2u, Blau/grün, Probedruck (R12)

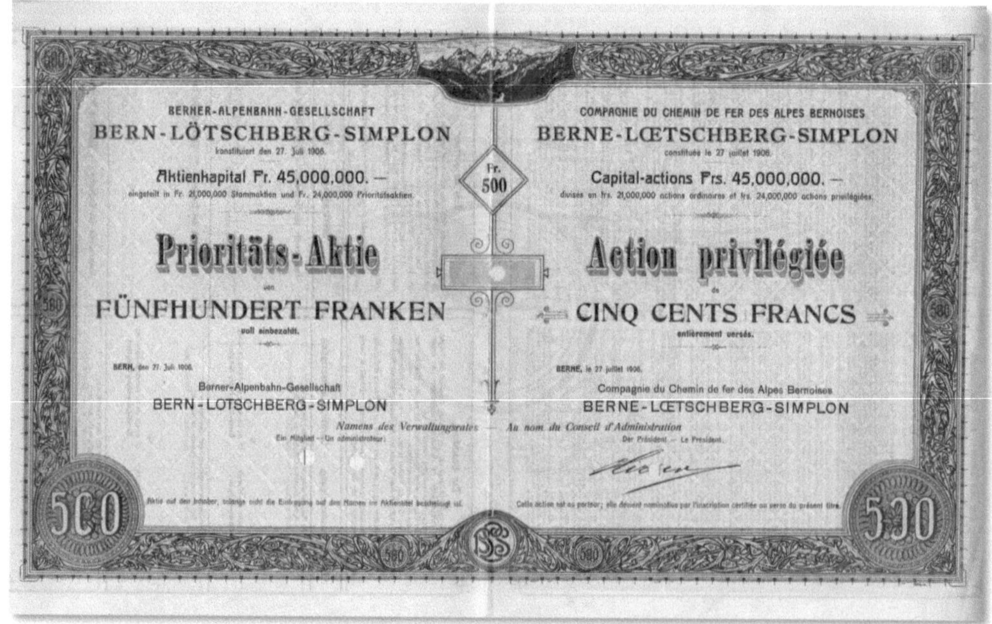

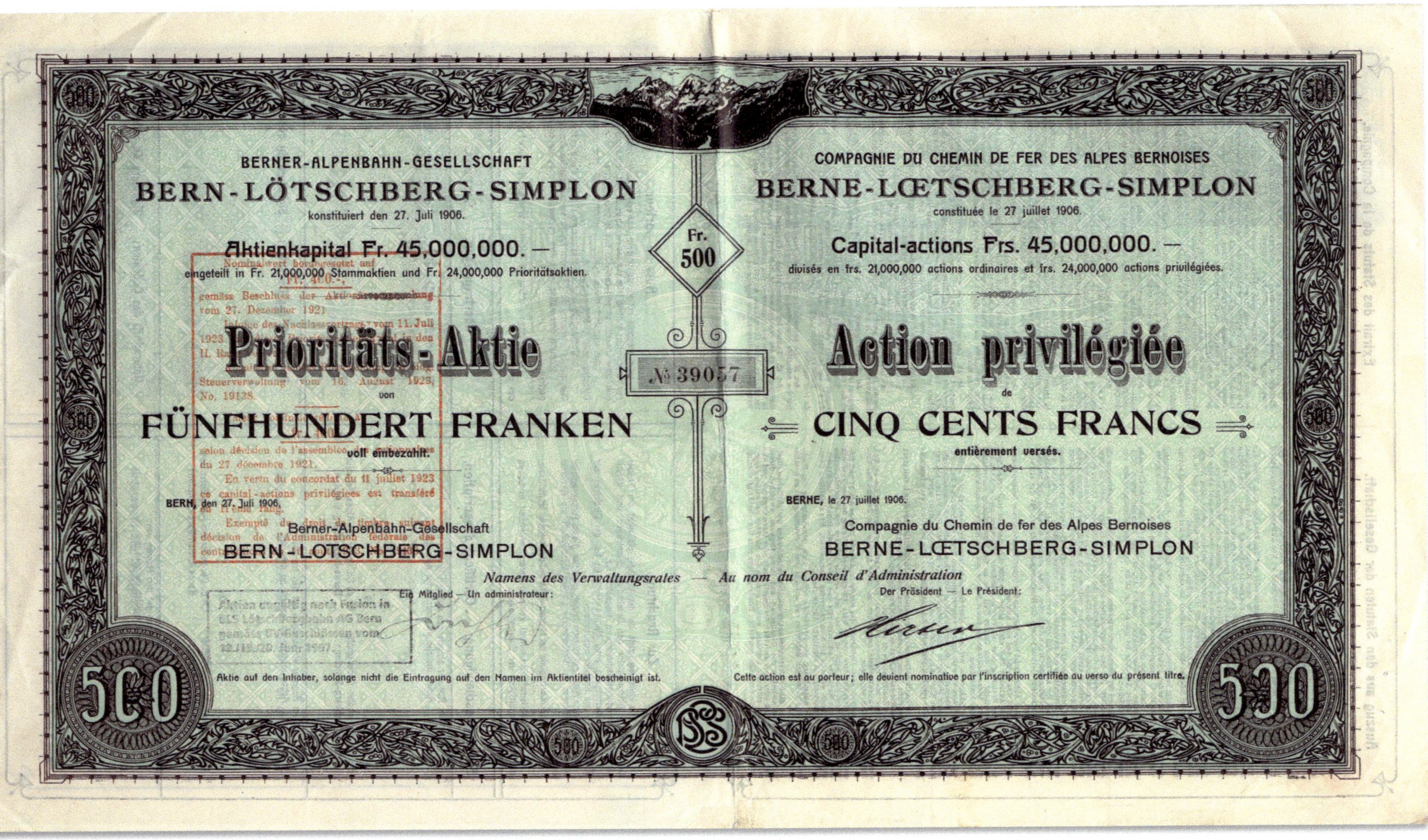

BERNER-ALPENBAHN-GESELLSCHAFT
BERN-LÖTSCHBERG-SIMPLON
konstituiert den 27. Juli 1906.
Aktienkapital Fr. 45,000,000. —
eingeteilt in Fr. 21,000,000 Stammaktien und Fr. 24,000,000 Prioritätsaktien.
Prioritäts-Aktie
von
FÜNFHUNDERT FRANKEN
voll einbezahlt.
BERN, den 27. Juli 1906.
Berner-Alpenbahn-Gesellschaft
BERN-LÖTSCHBERG-SIMPLON
Namens des Verwaltungsrates
Ein Mitglied — Un administrateur:
Aktie auf den Inhaber, solange nicht die Eintragung auf den Namen im Aktientitel bescheinigt ist.
Fr. 500
No 39057
COMPAGNIE DU CHEMIN DE FER DES ALPES BERNOISES
BERNE-LŒTSCHBERG-SIMPLON
constituée le 27 juillet 1906.
Capital-actions Frs. 45,000,000. —
divisés en frs. 21,000,000 actions ordinaires et frs. 24,000,000 actions privilégiées.
Action privilégiée
de
CINQ CENTS FRANCS
entièrement versés.
BERNE, le 27 juillet 1906.
Compagnie du Chemin de fer des Alpes Bernoises
BERNE-LŒTSCHBERG-SIMPLON
Au nom du Conseil d'Administration
Der Präsident — Le Président:
Cette action est au porteur; elle devient nominative par l'inscription certifiée au verso du présent titre.
500   500

150

BLS-P1d1u

BERNER-ALPENBAHN-GESELLSCHAFT
BERN-LÖTSCHBERG-SIMPLON
konstituiert den 27. Juli 1906.

Aktienkapital Fr. 45,000,000. —
eingeteilt in Fr. 21,000,000 Stammaktien und Fr. 24,000,000 Prioritätsaktien.

Prioritäts-Aktie
von
FÜNFHUNDERT FRANKEN
voll einbezahlt.

BERN, den   1906.

Berner-Alpenbahn-Gesellschaft
BERN-LÖTSCHBERG-SIMPLON

Namens des Verwaltungsrates
Ein Mitglied — Un administrateur:

Aktie auf den Inhaber, solange nicht die Eintragung auf den Namen im Aktientitel bescheinigt ist.

Fr. 500

COMPAGNIE DU CHEMIN DE FER DES ALPES BERNOISES
BERNE-LŒTSCHBERG-SIMPLON
constituée le 27 juillet 1906.

Capital-actions Frs. 45,000,000. —
divisés en frs. 21,000,000 actions ordinaires et frs. 24,000,000 actions privilégiées.

Action privilégiée
de
CINQ CENTS FRANCS
entièrement versés.

BERNE, le   1906.

Compagnie du Chemin de fer des Alpes Bernoises
BERNE-LŒTSCHBERG-SIMPLON

Au nom du Conseil d'Administration
Der Präsident — Le Président:

Cette action est au porteur; elle devient nominative par l'inscription certifiée au verso du présent titre.

500   500

BERNER-ALPENBAHN-GESELLSCHAFT
BERN-LÖTSCHBERG-SIMPLON
konstituiert den 27. Juli 1906.
Aktienkapital Fr. 45,000,000.—
eingeteilt in Fr. 21,000,000 Stammaktien und Fr. 24,000,000 Prioritätsaktien.
Prioritäts-Aktie
von
FÜNFHUNDERT FRANKEN
voll einbezahlt.
BERN, den 1906.
Berner-Alpenbahn-Gesellschaft
BERN-LÖTSCHBERG-SIMPLON
Namens des Verwaltungsrates
Ein Mitglied — Un administrateur:
Aktie auf den Inhaber, solange nicht die Eintragung auf den Namen im Aktientitel bescheinigt ist.
COMPAGNIE DU CHEMIN DE FER DES ALPES BERNOISES
BERNE-LŒTSCHBERG-SIMPLON
constituée le 27 juillet 1906.
Capital-actions Frs. 45,000,000.—
divisés en frs. 21,000,000 actions ordinaires et frs. 24,000,000 actions privilégiées.
Action privilégiée
de
CINQ CENTS FRANCS
entièrement versés.
BERNE, le 1906.
Compagnie du Chemin de fer des Alpes Bernoises
BERNE-LŒTSCHBERG-SIMPLON
Au nom du Conseil d'Administration
Der Präsident — Le Président:
Cette action est au porteur; elle devient nominative par l'inscription certifiée au verso du présent titre.
Fr. 500
500

Berner Alpenbahn-Gesellschaft – Prior 2. Ausgabe 1907

Wertpapierart:	**Inhaber Prioritätsaktie**
Nominalwert:	**Fr. 500.-**
Ausgabeort:	**Bern**
Ausgabedatum:	**29. Juni 1907**
Unterschriften:	**Johann Daniel Hirter** (1855-1926) als Präsident des Verwaltungsrates (Druckunterschrift)
	Diverse Verwaltungsräte (Originalunterschrift)
Zweck:	**Kauf der Spiez–Frutigen-Bahn**
Emission:	Emission 4'640 Stück / 2'320'000 Franken
	Aktienkapital gesamt 47'600'000 Franken
Text:	Deutsch / Französisch
Farbe:	Schwarz, Dunkelviolett/grün
Seltenheit:	R6
Zeichner:	Bankhaus J. Loste & Cie.
Stempel:	1923 Stempel Nennwert Reduktion
	1997 Ungültigkeit nach Fusion
Anzahl Coupons:	
Druck:	Buchdruckerei Stämpfli & Cie., Bern
Künstler:	Grob
Dimension:	45cm x 26cm
Info:	Gedruckt wurden 6000 Stück, nummeriert von 52'541-58'640 plus 200 Ersatztitel ohne Nummern.
	1923: Nennwertreduktion auf Fr. 400.-
Kode:	**BLS-P2** (rechts)
	BLS-P2u, nicht ausgegeben (unten)

BERNER-ALPENBAHN-GESELLSCHAFT
BERN-LÖTSCHBERG-SIMPLON
konstituiert den 27. Juli 1906.
Aktienkapital Fr. 47,600,000.—
eingeteilt in Fr. 21,280,000 Stammaktien und Fr. 26,320,000 Prioritätsaktien.
Prioritäts-Aktie
FÜNFHUNDERT FRANKEN
Nominal herabgesetzt auf Fr. 400.—
gemäss Beschluss der Aktionärversammlung vom 27. Dezember 1921.
Infolge des Nachlassvertrages vom 11. Juli 1923 II. B...
Steuerverwaltung vom 16. August 1923, No. 19138.
von
COMPAGNIE DU CHEMIN DE FER DES ALPES BERNOISES
BERNE-LŒTSCHBERG-SIMPLON
constituée le 27 juillet 1906.
Capital-actions Frs. 47,600,000.—
divisés en frs. 21,280,000 actions ordinaires et frs. 26,320,000 actions privilégiées.
Fr. 500
Action privilégiée
de
CINQ CENTS FRANCS
entièrement versés.
№ 50649
selon décision de l'assemblée du 27 décembre 1921.
voll einbezahlt
En vertu du concordat du 11 juillet 1923
...actions privilégiées est transféré en IIème rang.
Exempté
décision de l'Administration fédérale des contributions...
BERN, den 26. Juni 1907.
BERNE, le 29 juin 1907.
Berner-Alpenbahn-Gesellschaft
BERN-LÖTSCHBERG-SIMPLON
Compagnie du Chemin de fer des Alpes Bernoises
BERNE-LŒTSCHBERG-SIMPLON
Namens des Verwaltungsrates — Au nom du Conseil d'Administration
Ein Mitglied — Un administrateur:
Der Präsident — Le Président:
Aktie auf den Inhaber, solange nicht die Eintragung auf den Namen im Aktientitel bescheinigt ist.
Cette action est au porteur; elle devient nominative par l'inscription certifiée au verso du présent titre.
Aktien ungültig nach Fusion in BLS Lötschbergbahn AG Bern gemäss GV-Beschlüssen vom 18./19./20. Juni 1997
500

Berner Alpenbahn-Gesellschaft – Prior 3. Ausgabe 1908

Wertpapierart:	**Inhaber Prioritätsaktie**
Nominalwert:	**Fr. 500.-**
Ausgabeort:	**Bern**
Ausgabedatum:	**20. Juni 1908**
Unterschriften:	**Johann Daniel Hirter** (1855-1926) als Präsident des Verwaltungsrates (Druckunterschrift)
	Diverse Verwaltungsräte (Originalunterschrift)
Zweck:	**Bau Moutier–Lengnau / Grenchenbergtunnel**
Emission:	Emission 5'000 Stück / 10'000'000 Franken [?]
	Aktienkapital neu 60'600'000 Franken
Text:	Deutsch / Französisch
Farbe:	Schwarz, Dunkelviolett/grün
Seltenheit:	
Zeichner:	Französiche Chemin de fer de l'Est
Stempel:	1923 Stempel Nennwert Reduktion
	1997 Ungültigkeit nach Fusion
Anzahl Coupons:	
Druck:	Buchdruckerei Stämpfli & Cie., Bern
Künstler:	Grob
Dimension:	45cm x 26cm
Info:	1923: Nennwertreduktion auf Fr. 400.-
Kode:	**BLS-P3**

BERNER-ALPENBAHN-GESELLSCHAFT
BERN-LÖTSCHBERG-SIMPLON
konstituiert den 27. Juli 1906.
Aktienkapital Fr. 60,600,000.—
geteilt in Fr. 27,280,000 Stammaktien und Fr. 33,320,000 Prioritätsaktien.
Nominalwert herabgesetzt auf
Fr. 400.—
Prioritäts-Aktie
FÜNFHUNDERT FRANKEN
voll einbezahlt.
BERN, den 20. Juni 1908.
Berner-Alpenbahn-Gesellschaft
BERN-LÖTSCHBERG-SIMPLON
Namens des Verwaltungsrates
Ein Mitglied — Un administrateur:
Aktie auf den Inhaber, solange nicht die Eintragung auf den Namen im Aktientitel bescheinigt ist.

COMPAGNIE DU CHEMIN DE FER DES ALPES BERNOISES
BERNE-LŒTSCHBERG-SIMPLON
constituée le 27. juillet 1906.
Capital-actions Frs. 60,600,000.—
divisés en frs. 27,280,000 actions ordinaires et frs. 33,320,000 actions privilégiées.
Action privilégiée
de
CINQ CENTS FRANCS
entièrement versés.
BERNE, le 20 juin 1908.
Compagnie du Chemin de fer des Alpes Bernoises
BERNE-LŒTSCHBERG-SIMPLON
— Au nom du Conseil d'Administration
Der Präsident — Le Président:
Cette action est au porteur; elle devient nominative par l'inscription certifiée au verso du présent titre.

Fr. 500
No 54205

Berner Alpenbahn-Gesellschaft – Prior 4. Ausgabe 1912

Wertpapierart:	**Inhaber Prioritätsaktie**
Nominalwert:	**Fr. 500.-**
Ausgabeort:	**Bern**
Ausgabedatum:	**26. Oktober 1912**
Unterschriften:	**Johann Daniel Hirter** (1855-1926) als Präsident des Verwaltungsrates (Druckunterschrift)
	Diverse Verwaltungsräte (Originalunterschrift)
Zweck:	**Übernahme der Thunersee Bahn**
Emission:	Emission 5'000 Stück / 10'000'000 Franken
	Aktienkapital gesamt 65'600'000 Franken
Text:	Deutsch / Französisch
Farbe:	Schwarz, Dunkelviolett/grün
Seltenheit:	
Zeichner:	Aktientausch 6 Thunersee Bahn Aktien gegen 5 Prioritätsaktien Berner Alpenbahn
Stempel:	1923 Stempel Nennwert Reduktion
	1997 Ungültigkeit nach Fusion
Anzahl Coupons:	
Druck:	Buchdruckerei Stämpfli & Cie., Bern
Künstler:	Grob
Dimension:	45cm x 26cm
Info:	1923: Nennwertreduktion auf Fr. 400.-
Kode:	**BLS-P4**

BERNER-ALPENBAHN-GESELLSCHAFT
BERN-LÖTSCHBERG-SIMPLON
konstituiert den 27. Juli 1906.
Aktienkapital Fr. 65,600,000.—
eingeteilt in Fr. 27,280,000 Stammaktien und Fr. 38,320,000 Prioritätsaktien.
Prioritäts-Aktie
von
FÜNFHUNDERT FRANKEN
voll einbezahlt.
Berner-Alpenbahn-Gesellschaft
BERN-LÖTSCHBERG-SIMPLON
Namens des Verwaltungsrates
Ein Mitglied
Aktie auf den Inhaber, solange nicht die Eintragung auf den Namen im Aktientitel bescheinigt ist.
COMPAGNIE DU CHEMIN DE FER DES ALPES BERNOISES
BERNE-LŒTSCHBERG-SIMPLON
constituée le 27 juillet 1906.
Capital-actions Frs. 65,600,000.—
divisés en frs. 27,280,000 actions ordinaires et frs. 38,320,000 actions privilégiées.
Action privilégiée
de
CINQ CENTS FRANCS
entièrement versés.
BERNE, le 26 octobre 1912.
Compagnie du Chemin de fer des Alpes Bernoises
BERNE-LŒTSCHBERG-SIMPLON
Au nom du Conseil d'Administration
Der Präsident — Le Président:
Cette action est au porteur; elle devient nominative par l'inscription certifiée au verso du présent titre.
Fr. 500
No 67626
500
50 CENTIMES

Berner Alpenbahn-Gesellschaft – Prior 5. Ausgabe 1923

Wertpapierart:	**Inhaber Prioritätsaktie**
Nominalwert:	**Fr. 500.-**
Ausgabeort:	**Bern**
Ausgabedatum:	**11. Juli 1923**
Unterschriften:	**Emil Lohner** (1865-1959) als Präsident des Verwaltungsrates (Druckunterschrift)
	Diverse Verwaltungsräte (Originalunterschrift)
Zweck:	**Erste Sanierung 1923 &**
	Kompensation der Obligationäre für ausstehende Zinsen
Emission:	Emission 30'975 Stück / 15'487'500 Franken
	Aktienkapital gesamt 59'783'500 Franken
Text:	Deutsch / Französisch
Farbe:	Schwarz/grau
Seltenheit:	
Zeichner:	
Stempel:	1997 Ungültigkeit nach Fusion
Anzahl Coupons:	
Druck:	Buchdruckerei Stämpfli & Cie., Bern
Künstler:	Grob
Dimension:	45cm x 26cm
Info:	
Kode:	**BLS-P5**

BERNER-ALPENBAHN-GESELLSCHAFT
BERN-LÖTSCHBERG-SIMPLON
konstituiert den 27. Juli 1906
Aktienkapital Fr. 59,783,500
eingeteilt in Fr. 13,640,000 Stammaktien, Fr. 15,487,500 Prioritätsaktien I. Ranges und Fr. 30,656,000 Prioritätsaktien II. Ranges
Prioritäts-Aktie
I. Ranges
von
FÜNFHUNDERT FRANKEN
voll einbezahlt
*
BERN, den 11. Juli 1923.
Berner-Alpenbahn-Gesellschaft
Bern-Lötschberg-Simplon
COMPAGNIE DU CHEMIN DE FER DES ALPES BERNOISES
BERNE-LŒTSCHBERG-SIMPLON
constituée le 27 juillet 1906
Capital-actions Fr. 59,783,500
divisé en fr. 13,640,000 actions ordinaires, fr. 15,487,500 actions privilégiées en Ier rang et fr. 30,656,000 actions privilégiées en IIe rang
Action privilégiée
en Ier rang
de
CINQ CENTS FRANCS
entièrement versés
*
BERNE, le 11 juillet 1923.
Compagnie du Chemin de fer des Alpes Bernoises
Berne-Lœtschberg-Simplon
Fr. 500
№ 27392
Stempelabgabe
durch Verfügung der eidgenössischen Steuerverwaltung vom 16. August 1923, Nr. 19,138, erlassen.
Droit de timbre remis
suivant décision de l'Administration fédérale des contributions du 16 août 1923, n° 19,138.
Namens des Verwaltungsrates — Au nom du Conseil d'administration
Ein Mitglied — Un administrateur:
Der Präsident — Le Président:
Aktie auf den Inhaber, solange nicht die Eintragung auf den Namen im Aktientitel bescheinigt ist.
Cette action est au porteur, elle devient nominative par l'inscription certifiée au verso du présent titre.
500
500

Genussschein

Berner Alpenbahn-Gesellschaft – Genussschein

Wertpapierart:	**Inhaber Genussschein**
Nominalwert:	**Fr. 100.-**
Ausgabeort:	**Bern**
Ausgabedatum:	**11. Juli 1923**
Unterschriften:	**Emil Lohner** (1865-1959) als Präsident des Verwaltungsrates (Druckunterschrift)
	Diverse Verwaltungsräte (Originalunterschrift)
Zweck:	**Erste Sanierung 1923 – Kompensation von ausstehenden Zinsen für Obligationäre mit Positionen unter 5 Stück**
Emission:	Aktienkapital 59'783'500 Franken
	Emission 30'975 Stück / 15'487'500 Franken
Text:	Deutsch / Französisch
Farbe:	Braun/beige
Seltenheit:	
Zeichner:	
Stempel:	1997 Ungültigkeit nach Fusion
Anzahl Coupons:	
Druck:	Bolliger & Eicher, Bern
Künstler:	
Dimension:	22cm x 28cm
Info:	
Kode:	**BLS-G1**

Berner Alpenbahn-Gesellschaft Bern-Lötschberg-Simplon

(gegründet den 27. Juli 1906)

Aktienkapital Fr. 59,783,500.—

eingeteilt in Fr. 13,640,000 Stammaktien, Fr. 15,487,500 Prioritätsaktien I. Ranges und Genußscheine, sowie Fr. 30,656,000 Prioritätsaktien II. Ranges

GENUSS-SCHEIN

von

Hundert Franken

voll einbezahlt

Den Genußscheinen kommen hinsichtlich Anteil am Reingewinn und Vermögen der Gesellschaft im Liquidationsfalle die gleichen Rechte zu wie den neuen Prioritätsaktien I. Ranges; dagegen besitzen sie kein Stimmrecht.

Stempelabgabe durch Verfügung der eidg. Steuerverwaltung vom 16. August 1923, Nr. 19138, erlassen.

N° 1327

Droit de timbre remis suivant décision de l'Administration fédérale des contributions du 16 août 1923, N° 19138.

Compagnie du Chemin de fer des Alpes bernoises Berne-Loetschberg-Simplon

(constituée le 27 juillet 1906)

Capital-actions Fr. 59,783,500.—

divisé en fr. 13,640,000 actions ordinaires, fr. 15,487,500 actions privilégiées en 1er rang et bons de jouissance et fr. 30,656,000 actions privilégiées en IIe rang

Bon de jouissance

de

Cent Francs

entièrement versés

Les bons de jouissance possèdent, en ce qui concerne la participation au bénéfice net et à la fortune de la Compagnie en cas de liquidation, les mêmes droits que les nouvelles actions privilégiées en 1er rang, sauf qu'ils n'ont pas le droit de vote.

Bern, den 11. Juli 1923.

Berne, le 11 juillet 1923.

Berner Alpenbahn-Gesellschaft
Bern - Lötschberg - Simplon

Compagnie du Chemin de fer des Alpes bernoises
Berne-Loetschberg-Simplon

Namens des Verwaltungsrates,
Au nom du Conseil d'administration,

Ein Mitglied :
Un administrateur :

Der Präsident :
Le président :

Aktien ungültig nach Fusion in BLS Lötschbergbahn AG Bern gemäss GV-Beschlüssen vom 18./19./20. Juni 1997.

BOLLIGER & EICHER, BERN

Obligationen *inkl. Interimsschein*

Berner Alpenbahn-Gesellschaft – Interimsschein Obligation 1906

Wertpapierart:	**Interimsschein 4%-Obligation, I Rang**
Nominalwert:	**Fr. 500.-**
Ausgabeort:	**Bern**
Ausgabedatum:	**1. November 1906**
Unterschriften:	**Johann Daniel Hirter (1855-1926) als Präsident des Verwaltungsrates (Druckunterschrift)**
	Diverse Verwaltungsräte (Originalunterschrift)
Zweck:	**Gründung der Gesellschaft**
Emission:	Emission 58'000 Stück / 29'000'000 Franken
	Emissionskurs Fr. 498.50
Text:	Deutsch / Französisch
Farbe:	Schwarz/grün
Seltenheit:	
Amortisation:	1925 – 1971
Zeichner:	Société Centrale 15 Mio.
	A. Sarasin & Co. 4 Mio.
	Kantonalbank von Bern 4 Mio.
Stempel:	Ev. französischer Steuerstempel (sofern in F gehandelt)
Anzahl Coupons:	6 Halbjahres-Coupons (1. Mai 1907 - 1. November 1909)
Druck:	Rösch & Schatzmann, Bern
Künstler:	
Dimension:	
Info:	
Kode:	**BLS-O1I**

Berner-Alpenbahn-Gesellschaft
Bern - Lötschberg - Simplon

Compagnie du Chemin de fer des Alpes Bernoises
Berne - Loetschberg - Simplon

Anlehen von Fr. 29,000,000 à 4%
Erster Hypothek
eingeteilt in 58,000 Obligationen zu Fr. 500.— auf den Inhaber

Emprunt de fr. 29,000,000 à 4%
Première hypothèque
divisé en 58,000 obligations de fr. 500 — au porteur

Interims-Schein No
auf den Inhaber
für eine Obligation von
Fünfhundert Franken
mit Zinsgenuß vom 1. November 1906.

Fr. 500

Certificat provisoire
au porteur
d'une obligation de
cinq cents francs
jouissance du 1er Novembre 1906.

Der gegenwärtige Interims-Schein wird späterhin, nach Erfüllung der Vorschriften betreffend die Eintragung der Hypothek gemäß der Eidgenössischen Gesetzgebung, ohne Übereinstimmung der Nummer gegen den definitiven Titel einer Hypothekar-Obligation im ersten Range mit halbjährlichen Zinscoupons per 1. Mai und 1. November jeden Jahres umgetauscht.

Le présent certificat sera échangé ultérieurement, sans conformité de numéro, après accomplissement des formalités d'inscription de l'hypothèque, suivant les lois suisses, contre le titre définitif d'une obligation hypothécaire de premier rang, muni de coupons semestriels aux échéances du 1er Mai et du 1er Novembre de chaque année.

Bern, 1. November 1906.

Berne, 1er Novembre 1906.

Berner-Alpenbahn-Gesellschaft Bern-Lötschberg-Simplon

Compagnie du Chemin de fer des Alpes Bernoises Berne-Lœtschberg-Simplon

Namens des Verwaltungsrates,

Au nom du Conseil d'administration,

Ein Mitglied: — Un administrateur:

Der Präsident: — Le président:

Berner-Alpenbahn-Gesellschaft
Bern-Lötschberg-Simplon
Anlehen von Fr. 29,000,000 à 4%
erster Hypothek
Interims-Schein No
zu einer Obligation von Fr. 500.
Zehn Franken
Halbjahreszins zahlbar in Bern, Basel, Genf, Zürich;
in Paris zum Mittelkurse von Sichtwechsein auf die Schweiz am Verfalltage.

Compagnie du chemin de fer des Alpes Bernoises
Berne-Lœtschberg-Simplon
Emprunt de fr. 29,000,000 à 4%
première hypothèque
Certificat provisoire
d'une obligation de fr. 500.
Dix francs
Intérêt semestriel payable à Berne, Bâle, Genève, Zurich;
à Paris au cours moyen du change à vue sur la Suisse, le jour de l'échéance.

COUPON 6
1. November 1909
Fr. 10.—

COUPON 5
1. Mai 1909
Fr. 10.—

COUPON 4
1. November 1908
Fr. 10.—

COUPON 3
1. Mai 1908
Fr. 10.—

COUPON 2
1. November 1907
Fr. 10.—

COUPON 1
1. Mai 1907
Fr. 10.—

Bern-Loetschberg-Simplon

Berner Alpenbahn-Gesellschaft – Obligation 1906

Wertpapierart:	**4%-Obligation, I Rang**
Nominalwert:	**Fr. 500.-**
Ausgabeort:	**Bern**
Ausgabedatum:	**1. November 1906**
Unterschriften:	**Johann Daniel Hirter (1855-1926) als Präsident des Verwaltungsrates (Druckunterschrift)**
	Diverse Verwaltungsräte (Originalunterschrift)
Zweck:	**Gründung der Gesellschaft**
Emission:	Emission 58'000 Stück / 29'000'000 Franken
	Emissionskurs Fr. 498.50
Text:	Deutsch / Französisch
Farbe:	Schwarz/graublau
Seltenheit:	
Amortisation:	1925 – 1971
Zeichner:	Société Centrale 15 Mio.
	A. Sarasin & Co. 4 Mio.
	Kantonalbank von Bern 4 Mio.
Stempel:	Sanierung 1923
	Sanierung 1932
	Ev. französischer Steuerstempel (sofern in F gehandelt)
Anzahl Coupons:	
Druck:	Typ. Büchler & Co., Bern
Künstler:	Schaerer-Grob 07
	Litho: R. Henz & Co, Bern, ph-chem
Dimension:	28cm x 40cm
Info:	
Kode:	**BLS-O1a** (rechts)
	BLS-O1b Probedruck [?], Schwarz/braun (unten)

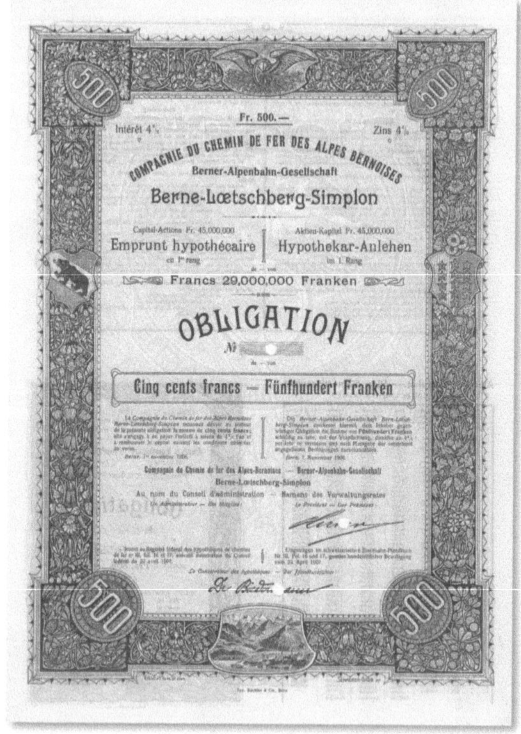

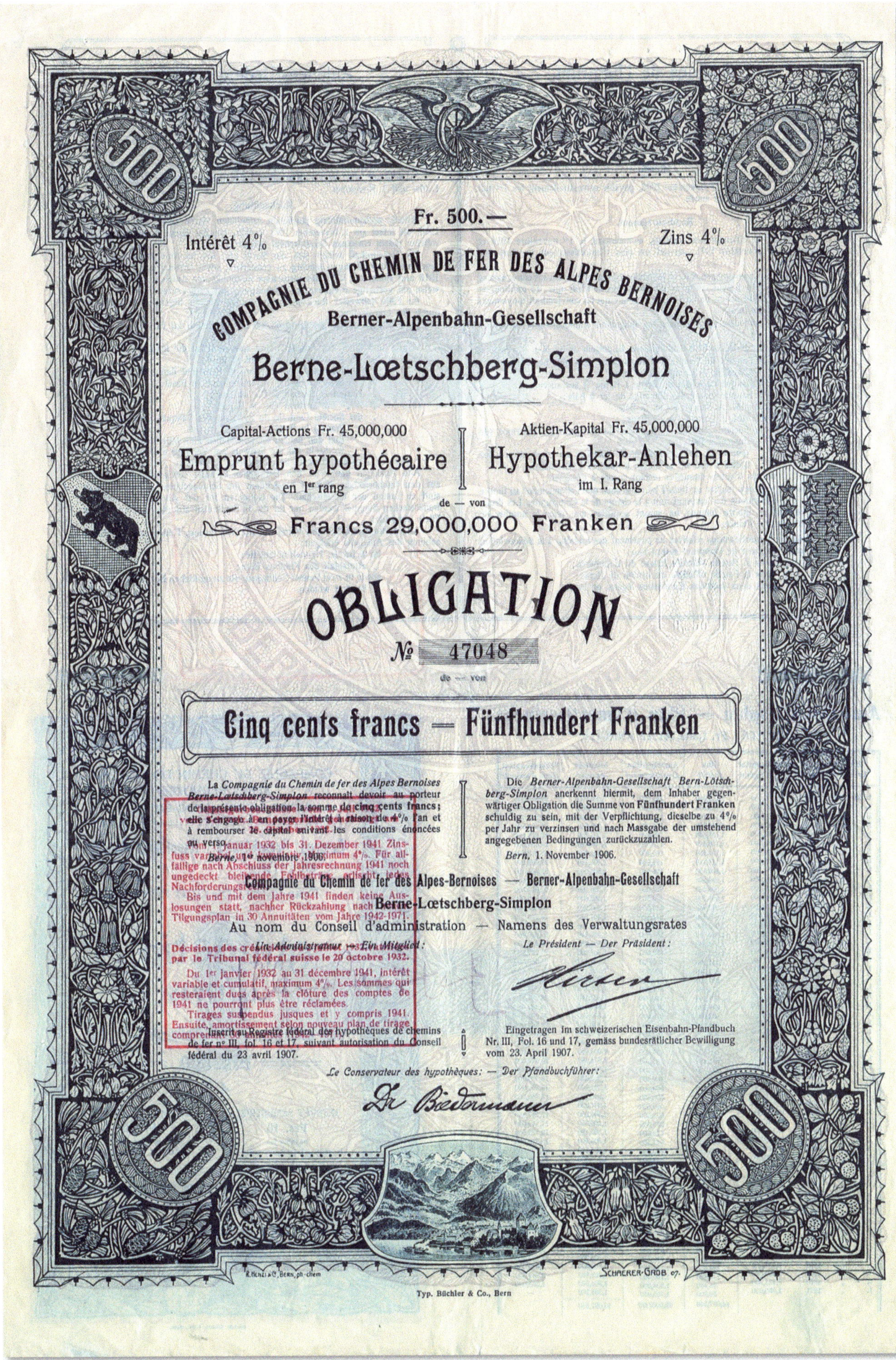
Fr. 500.—
Intérêt 4%
Zins 4%
COMPAGNIE DU CHEMIN DE FER DES ALPES BERNOISES
Berner-Alpenbahn-Gesellschaft
Berne-Lœtschberg-Simplon
Capital-Actions Fr. 45,000,000
Aktien-Kapital Fr. 45,000,000
Emprunt hypothécaire
en Ier rang
Hypothekar-Anlehen
im I. Rang
de — von
Francs 29,000,000 Franken
OBLIGATION
№ 47048
de — von
Cinq cents francs — Fünfhundert Franken
La Compagnie du Chemin de fer des Alpes Bernoises Berne-Lœtschberg-Simplon reconnaît devoir au porteur de la présente obligation la somme de cinq cents francs; elle s'engage à en payer l'intérêt en raison de 4% l'an et à rembourser le capital suivant les conditions énoncées au verso.
Die Berner-Alpenbahn-Gesellschaft Bern-Lötschberg-Simplon anerkennt hiermit, dem Inhaber gegenwärtiger Obligation die Summe von Fünfhundert Franken schuldig zu sein, mit der Verpflichtung, dieselbe zu 4% per Jahr zu verzinsen und nach Massgabe der umstehend angegebenen Bedingungen zurückzuzahlen.
Bern, 1. November 1906.
Compagnie du Chemin de fer des Alpes-Bernoises — Berner-Alpenbahn-Gesellschaft
Berne-Lœtschberg-Simplon
Au nom du Conseil d'administration — Namens des Verwaltungsrates
Le Président — Der Präsident:
Un Administrateur — Ein Mitglied:
Eingetragen im schweizerischen Eisenbahn-Pfandbuch Nr. III, Fol. 16 und 17, gemäss bundesrätlicher Bewilligung vom 23. April 1907.
Le Conservateur des hypothèques: — Der Pfandbuchführer:
Typ. Büchler & Co., Bern

Berner Alpenbahn-Gesellschaft – Obligation 1911 4½%

Wertpapierart:	**4½%-Obligation, II. Rang**
Nominalwert:	**Fr. 500.-**
Ausgabeort:	**Bern**
Ausgabedatum:	**1. Juli 1911**
Unterschriften:	**Johann Daniel Hirter** (1855-1926) als Präsident des Verwaltungsrates (Druckunterschrift)
	Diverse Verwaltungsräte (Originalunterschrift)
Zweck:	**Serie A: Bau des Grenchenbergtunnel**
	Serie B: Zweispuriger Ausbau des Lötschbergtunnels
	Geplante, aber verschobene Emission
Emission:	Total Emission 46'000 Stück / 23'000'000 Franken davon
	Serie A: 30'000 Stück / 15'000'00 Franken
	Nummern: 1 - 30'000 **(BLS-O2a)**
	Serie B: 8'000 Stück / 8'000'000 Franken
	Nummern: 30'001 - 46'000 **(BLS-O2b)**
Text:	Deutsch / Französisch
Farbe:	Schwarz/grau
Seltenheit:	
Amortisation:	
Zeichner:	
Stempel:	Sanierung 1923
	Sanierung 1932
	Ev. französischer Steuerstempel (sofern in F gehandelt)
Anzahl Coupons:	30
Druck:	Typ. Rösch & Schatzmann, Bern
Künstler:	Schaerer-Grob 07
	Litho: R. Henz & Co, Bern, ph-chem
Dimension:	28cm x 40cm
Info:	Neuer Schriftsatz für Gesellschaftstitel und "Obligation"
Kode:	**BLS-O2a,** Serie A (rechts)
	BLS-O2b, Serie B, Schwarz/braun (unten)

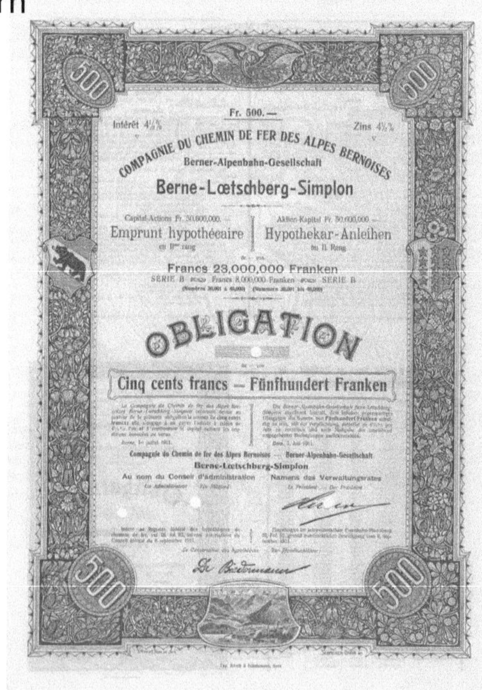

Fr. 500.—
Intérêt 4½%
Zins 4½%
COMPAGNIE DU CHEMIN DE FER DES ALPES BERNOISES
Berner-Alpenbahn-Gesellschaft
Berne-Lœtschberg-Simplon
Capital-Actions Fr. 50,600,000.—
Aktien-Kapital Fr. 50,600,000.—
Emprunt hypothécaire
Hypothekar-Anleihen
en IIme rang
im II. Rang
de — von
Francs 23,000,000 Franken
SÉRIE A — Francs 15,000,000 Franken — SERIE A
(Numéros 1 à 30,000)   (Nummern 1 bis 30,000)
OBLIGATION
de — von
Cinq cents francs = Fünfhundert Franken
La Compagnie du Chemin de fer des Alpes Ber-
noises Berne-Lœtschberg-Simplon reconnaît devoir au
porteur de la présente obligation la somme de cinq cents
francs; elle s'engage à en payer l'intérêt à raison de
4½% l'an et à rembourser le capital suivant les con-
ditions énoncées au verso.
Berne, 1er juillet 1911.
Die Berner-Alpenbahn-Gesellschaft Bern-Lötschberg-
Simplon anerkennt hiermit, dem Inhaber gegenwärtiger
Obligation die Summe von Fünfhundert Franken schul-
dig zu sein, mit der Verpflichtung, dieselbe zu 4½% per
Jahr zu verzinsen und nach Maßgabe der umstehend
angegebenen Bedingungen zurückzuzahlen.
Bern, 1. Juli 1911.
Compagnie du Chemin de fer des Alpes Bernoises — Berner-Alpenbahn-Gesellschaft
Berne-Lœtschberg-Simplon
Au nom du Conseil d'administration — Namens des Verwaltungsrates
Un Administrateur; — Ein Mitglied:
Le Président: — Der Präsident:
Inscrit au Registre fédéral des hypothèques de
chemins de fer, vol. III, fol. 92, suivant autorisation du
Conseil fédéral du 8 septembre 1911.
Eingetragen im schweizerischen Eisenbahn-Pfandbuch
III, Fol. 92, gemäß bundesrätlicher Bewilligung vom 8. Sep-
tember 1911.
Le Conservateur des hypothèques: — Der Pfandbuchführer:
Typ. Rösch & Schatzmann, Bern

Berner Alpenbahn-Gesellschaft – Obligation 1911 4%

Wertpapierart:	**4%-Obligation, I. Rang**
Nominalwert:	**Fr. 500.-**
Ausgabeort:	**Bern**
Ausgabedatum:	**2. Dezember 1911**
Unterschriften:	**Johann Daniel Hirter (1855-1926)** als Präsident des Verwaltungsrates (Druckunterschrift)
	Diverse Verwaltungsräte (Originalunterschrift)
Zweck:	**Moutier–Lengnau / Grenchenbergtunnel**
Emission:	Emission 46'000 Stück / 23'000'000 Franken
Text:	Deutsch / Französisch
Farbe:	Schwarz, Braun/beige
Seltenheit:	
Amortisation:	
Zeichner:	
Stempel:	Sanierung 1923
	Sanierung 1932
	Ev. französischer Steuerstempel (sofern in F gehandelt)
Anzahl Coupons:	30
Druck:	Typ. Rösch & Schatzmann, Bern
Künstler:	Schaerer-Grob 07
	Litho: R. Henz & Co, Bern, ph-chem
Dimension:	28cm x 40cm
Info:	
Kode:	**BLS-O3**

Fr. 500.—
Intérêt 4%
Zins 4%
COMPAGNIE DU CHEMIN DE FER DES ALPES BERNOISES
Berner-Alpenbahn-Gesellschaft
Berne-Lœtschberg-Simplon
Capital-Actions Fr. 60,600,000.—
Aktien-Kapital Fr. 60,600,000.—
Emprunt hypothécaire
en I rang
Hypothekar-Anleihen
im I. Rang
de — von
Francs 23,000,000 Franken
(Moutier-Longeau — Münster-Lengnau)
OBLIGATION
No 20552
de — von
Cinq cents francs — Fünfhundert Franken
La Compagnie du Chemin de fer des Alpes Ber-
noises Berne-Lœtschberg-Simplon reconnaît devoir au
porteur de la présente obligation la somme de cinq cents
francs; elle s'engage à en payer l'intérêt à raison de
4% l'an et à rembourser le capital suivant les con-
ditions énoncées au verso.
Berne, 2 décembre 1911.
Die Berner-Alpenbahn-Gesellschaft Bern-Lötschberg-
Simplon anerkennt hiermit, dem Inhaber gegenwärtiger
Obligation die Summe von Fünfhundert Franken schul-
dig zu sein, mit der Verpflichtung, dieselbe zu 4% per
Jahr zu verzinsen und nach Maßgabe der umstehend
angegebenen Bedingungen zurückzuzahlen.
Bern, 2. Dezember 1911.
Compagnie du Chemin de fer des Alpes Bernoises — Berner-Alpenbahn-Gesellschaft
Berne-Lœtschberg-Simplon
Au nom du Conseil d'administration — Namens des Verwaltungsrates
Un Administrateur: — Ein Mitglied:
Le Président: — Der Präsident:
Inscrit au Registre fédéral des hypothèques de
chemins de fer, vol. III, fol. 97, suivant autorisation du
Conseil fédéral.
Eingetragen im schweizerischen Eisenbahn-Pfandbuch
Band III, Fol. 97, gemäß bundesrätlicher Bewilligung.
Le Conservateur des hypothèques: — Der Pfandbuchführer:
Typ. Rösch & Schatzmann, Bern

Berner Alpenbahn-Gesellschaft – Obligation 1912

Wertpapierart:	**4%-Obligation, II. Rang**
Nominalwert:	**Fr. 500.-**
Ausgabeort:	**Bern**
Ausgabedatum:	**10. Juli 1912**
Unterschriften:	**Johann Daniel Hirter (1855-1926**) als Präsident des Verwaltungsrates (Druckunterschrift)
	Diverse Verwaltungsräte (Originalunterschrift)
Zweck:	**Frutigen-Brig**
Emission:	Emission 52'000 Stück / 26'000'000 Franken
	Serie A Nummern 1 - 52'000 **(BLS-O4a)**
	Serie B Nummern 52'001- 84'000 **(BLS-O4b)**
	Mit Staatsgarantie des Kantons Bern
Text:	Deutsch / Französisch
Farbe:	Schwarz/blau
Seltenheit:	
Amortisation:	1925-1971
Zeichner:	
Stempel:	Sanierung 1923
	Sanierung 1932
	Ev. französischer Steuerstempel (sofern in F gehandelt)
Anzahl Coupons:	
Druck:	Typ. Rösch & Schatzmann, Bern
Künstler:	Schaerer-Grob 07
	Litho: R. Henz & Co, Bern, ph-chem
Dimension:	28cm x 40cm
Info:	
Kode:	**BLS-O4a,** Serie A (rechts)
	BLS-O4b, Serie B,
	Schwarz/braun (unten)

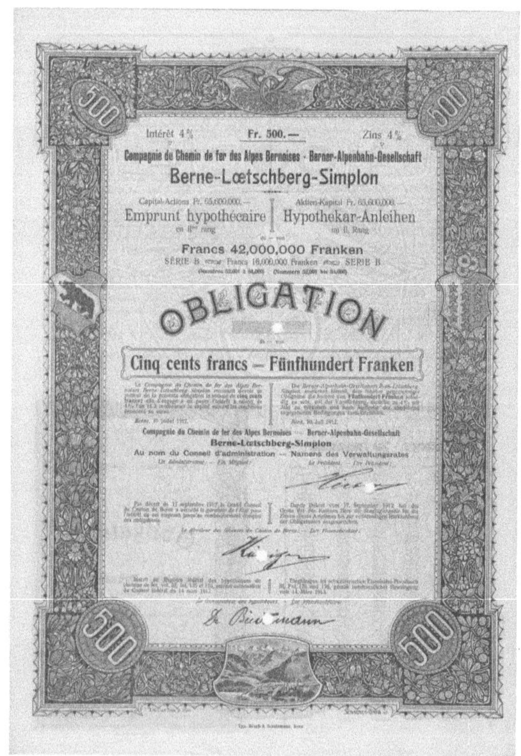

Intérêt 4%   Fr. 500.—   Zins 4%

Compagnie du Chemin de fer des Alpes Bernoises · Berner-Alpenbahn-Gesellschaft
Berne-Lœtschberg-Simplon

Capital-Actions Fr. 65,600,000.   Aktien-Kapital Fr. 65,600,000.
Emprunt hypothécaire   Hypothekar-Anleihen
en IIme rang   im II. Rang
de — von
Francs 42,000,000 Franken
SÉRIE A   Francs 26,000,000 Franken   SÉRIE A
(Numéros 1 à 52,000)   (Nummern 1 bis 52,000)

OBLIGATION
№ 39927
de — von

Cinq cents francs — Fünfhundert Franken

La Compagnie du Chemin de fer des Alpes Bernoises Berne-Lœtschberg-Simplon reconnaît devoir au
porteur de la présente obligation la somme de cinq cents
francs; elle s'engage à en payer l'intérêt à raison de
4% l'an et à rembourser le capital suivant les conditions
énoncées au verso.

Die Berner-Alpenbahn-Gesellschaft Bern-Lötschberg-
Simplon anerkennt hiermit, dem Inhaber gegenwärtiger
Obligation die Summe von Fünfhundert Franken schul-
dig zu sein, mit der Verpflichtung, dieselbe zu 4% per
Jahr zu verzinsen und nach Maßgabe der umstehend
angegebenen Bedingungen zurückzuzahlen.

Berne, 10 juillet 1912.   Bern, 10. Juli 1912.

Compagnie du Chemin de fer des Alpes Bernoises — Berner-Alpenbahn-Gesellschaft
Berne-Lœtschberg-Simplon
Au nom du Conseil d'administration — Namens des Verwaltungsrates
Un Administrateur: — Ein Mitglied: Le Président: — Der Präsident:

Par décret du 17 septembre 1912 le Grand Conseil
du Canton de Berne a accordé la garantie de l'Etat pour
l'intérêt de cet emprunt jusqu'au remboursement complet
des obligations.

Durch Dekret vom 17. September 1912 hat der
Große Rat des Kantons Bern die Staatsgarantie für die
Zinsen dieses Anleihens bis zur vollständigen Rückzahlung
der Obligationen ausgesprochen.

Le directeur des finances du Canton de Berne: — Der Finanzdirektor:

Inscrit au Registre fédéral des hypothèques de
chemins de fer, vol. III, fol. 125 et 126, suivant autorisation
du Conseil fédéral du 14 mars 1913.

Eingetragen im schweizerischen Eisenbahn-Pfandbuch
III, Fol. 125 und 126, gemäß bundesrätlicher Bewilligung
vom 14. März 1913.

Le Conservateur des hypothèques: — Der Pfandbuchführer:

Typ. Rösch & Schatzmann, Bern

Berner Alpenbahn-Gesellschaft – Obligation 1912

Wertpapierart:	**4½%-Obligation, II. Rang**
Nominalwert:	**Fr. 1'000.-**
Ausgabeort:	**Bern**
Ausgabedatum:	**1. Oktober 1913**
Unterschriften:	**Gottfried Kunz (1859-1930)** als Der Direktor (Druckunterschrift)
Zweck:	**Auf die Strecke Scherzlingen-Bönigen der ehemaligen Thunerseebahn**
Emission:	Emission 13'000 Obligationen Stück / 13'000'000 Franken
Text:	Deutsch
Farbe:	Schwarz/gelb
Seltenheit:	
Amortisation:	
Zeichner:	
Stempel:	
Anzahl Coupons:	
Druck:	
Künstler:	
Dimension:	
Info:	
Kode:	**BLS-O5**

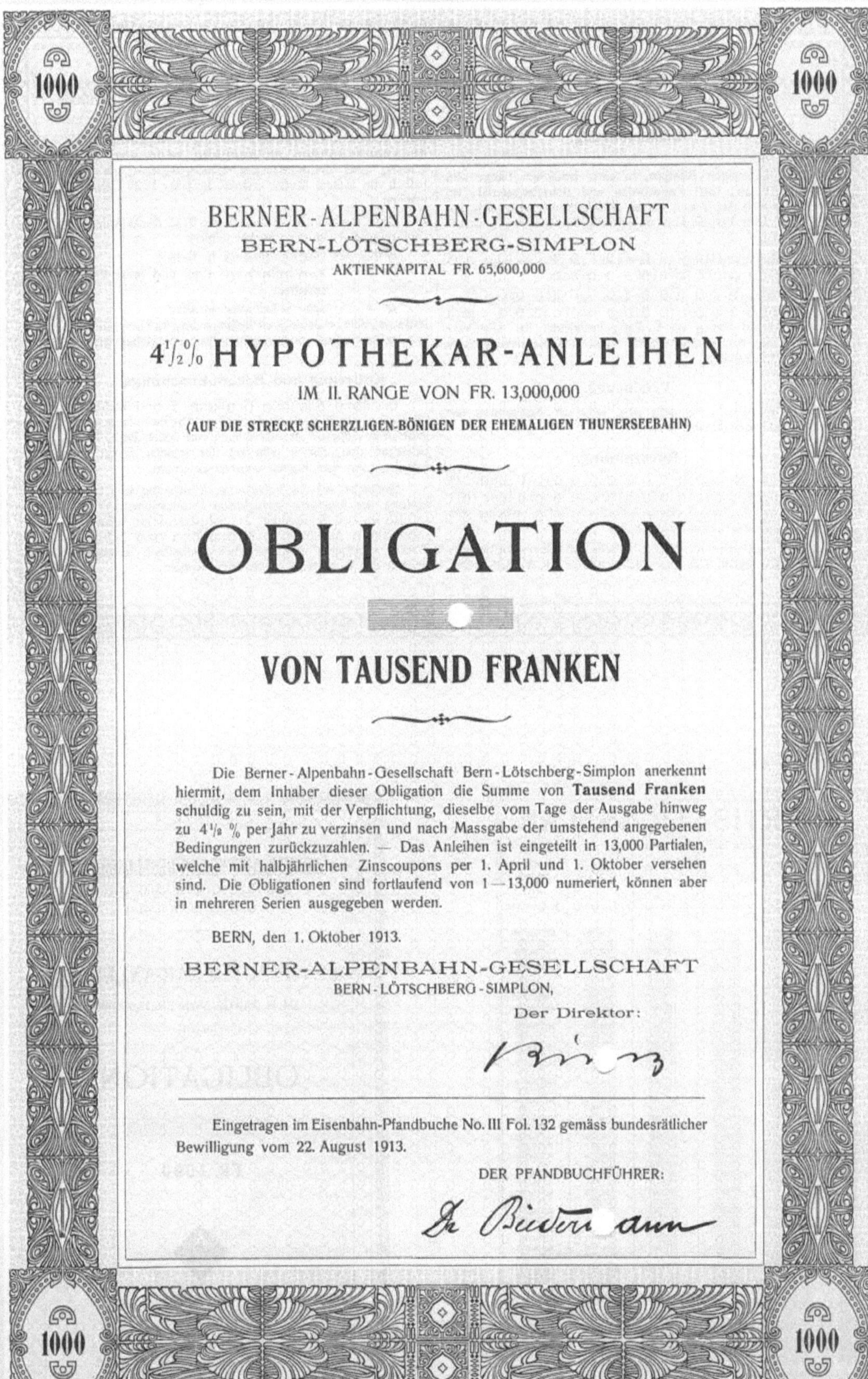

1000

BERNER-ALPENBAHN-GESELLSCHAFT
BERN-LÖTSCHBERG-SIMPLON
AKTIENKAPITAL FR. 65,600,000

4½% HYPOTHEKAR-ANLEIHEN
IM II. RANGE VON FR. 13,000,000
(AUF DIE STRECKE SCHERZLIGEN-BÖNIGEN DER EHEMALIGEN THUNERSEEBAHN)

OBLIGATION

VON TAUSEND FRANKEN

Die Berner-Alpenbahn-Gesellschaft Bern-Lötschberg-Simplon anerkennt hiermit, dem Inhaber dieser Obligation die Summe von Tausend Franken schuldig zu sein, mit der Verpflichtung, dieselbe vom Tage der Ausgabe hinweg zu 4½ % per Jahr zu verzinsen und nach Massgabe der umstehend angegebenen Bedingungen zurückzuzahlen. — Das Anleihen ist eingeteilt in 13,000 Partialen, welche mit halbjährlichen Zinscoupons per 1. April und 1. Oktober versehen sind. Die Obligationen sind fortlaufend von 1—13,000 numeriert, können aber in mehreren Serien ausgegeben werden.

BERN, den 1. Oktober 1913.

BERNER-ALPENBAHN-GESELLSCHAFT
BERN-LÖTSCHBERG-SIMPLON,

Der Direktor:

Eingetragen im Eisenbahn-Pfandbuche No. III Fol. 132 gemäss bundesrätlicher Bewilligung vom 22. August 1913.

DER PFANDBUCHFÜHRER:

1000

Literatur und Quellen

Statuten und Geschäftsberichte der BLS und Spiez-Frutigen Bahn.

Amacher, Anna (2010) **Dynamische und risikofreudige Berner BLS und BKA auf dem Weg zur Pioniertat 1902-1914 in Verkehrsgeschichte** – Histoire des transports.

Elsasser, Kilian T. [et. al.] (2013): **Pionierbahn am Lötschberg: die Geschichte der Lötschbergbahn**; Zürich, AS Verlag.

Junker, Beat (1996): **Geschichte des Kantons Bern seit 1978, Band III, Tradition und Aufbruch 1881-1995**; Archiv des Historischen Vereins des Kantons Bern. ISBN 3-85731-0018-7.

Meyer, Peter [Hrsg.] (1981): **Berner - deine Geschichte;** Illustrierte Berner Enzyklopädie.

Volmar, Fritz (1938): **Die Lötschbergbahn, deren Gründungsgeschichte**; Bern, Pochon-Jent.

Volmar, Fritz (1942): **Die Lötschbergbahn 1913-1941, Teil 1 und 2;** Stämpfli & Cie., Bern.

Johann Daniel Hirter 1855-1926, Nachruf.

Gottfried Kunz 1859-1930, Nachruf.

Interessante Links:

BLS:	www.bls.ch/de
Hiwepa AG: *Schweizer Online-Plattform für Historische Wertpapiere*	www.hiwepa.ch
SCHWEIZER FINANZMUSEUM:	www.finanzmuseum.ch
Scripophila-Helvetica: *Schweizer Sammlerclub für Historische Wertpapiere*	www.scripophila-helvetica.com

Band 2:

Der Regionalverkehr Bern-Solothurn RBS

Peter Christen

Paperback, 152 Seiten
Verlag: Books on Demand
Erscheinungsdatum: 29.04.2022

Buch-ISBN: 978-3-7557-3046-0
E-Book-ISBN: 978-3-7543-8922-5

Band 3:

Die Wehranleihe 1936

Peter Christen

Paperback, 104 Seiten
Verlag: BoD - Books on Demand
Erscheinungsdatum: 18.09.2024

Buch-ISBN: 978-3-7597-9623-3
E-Book-ISBN: 978-3-7583-3575-4